跟甄嬛学职场谋略

后宫✾职场

宋志方 著

图书在版编目（CIP）数据

后宫职场：跟甄嬛学职场谋略/宋志方著.—重庆：重庆出版社，2010.6
ISBN 978-7-229-02262-4

Ⅰ.①后... Ⅱ.①宋... Ⅲ.①成功心理学－通俗读物 Ⅳ.①B848.4-49

中国版本图书馆 CIP 数据核字（2010）第 096146 号

后宫职场：跟甄嬛学职场谋略
HOUGONGZHICHANG:GEN ZHENHUAN XUE ZHICHANG MOULÜE
宋志方 著

出 版 人：罗小卫
责任编辑：刘 文 李元一
责任校对：周志军
装帧设计：重庆出版集团艺术设计有限公司·蒋忠智

重庆出版集团
重庆出版社 出版

重庆长江二路 205 号 邮政编码：400016 http://www.cqph.com
重庆出版集团艺术设计有限公司制版
重庆华林天美印务有限公司印刷
重庆出版集团图书发行有限公司发行
E-MAIL:fxchu@cqph.com 邮购电话：023-68809452

全国新华书店经销

开本：720mm×1 000mm 1/16 印张：11.25 字数：193 千
2010 年 6 月第 1 版　　　2010 年 6 月第 1 次印刷
ISBN 978-7-229-02262-4
定价：24.00 元

如有印装质量问题，请向本集团图书发行有限公司调换：023-68706683

版权所有　侵权必究

序

"如果我生活在古代后宫里,我都不知道自己是怎么死的!"这是看完《后宫甄嬛传》的白领后宫迷们最多的一句感叹。

紫禁城的后宫,女人之间尔虞我诈,心机重重,智谋最多。有人明哲保身,有人阴险狡诈,有人不择手段,她们为了得到皇上的宠爱,为拥有权位与利益,各种手段、计谋层出不穷,时刻充斥着争斗和陷阱。

《后宫甄嬛传》:一个古代才女的后宫成长史。女主角甄嬛从初入宫门,对后宫争斗没有任何经验的单纯女子,到入宫后经过宫中的种种是非逐渐蜕变成对后宫的钩心斗角游刃有余、攻于心计,通过一系列暗算与被暗算而逐渐成长起来的权倾一方的皇贵妃。《后宫甄嬛传》中后宫嫔妃的争斗,异常激烈,小说的作者曾说:"女人之间的斗争,永远是最残酷的斗争,而后宫,是残酷的密集地……"

妙音娘子的嚣张、华妃的狠毒、陵容的阴狠、太后的老辣、皇后的城府、曹婕妤的狡猾、胡蕴容的心机与甄嬛的智谋无时无刻不在PK着,她们都是在向同一个人争宠,都在取悦那个叫做"皇帝"的人,一旦得宠,天下便得到了一大半。

甄嬛,有权谋智断,算无遗策,进退得当,应对合度。初入宫闱,她避人锋芒;用人驭人,她果决分明;识人络人,她敌友分明。爱眉庄、近淳顺、恨慕容、离朱氏,手段里透着的都是智慧,心底里透着的分明是爱憎;对待皇帝、太后,她有运筹帷幄又低眉顺眼的谋略;失宠低谷,她

有审时度势的清醒。

她的心计谋略,有目共睹。从智除妙音娘子、丽贵嫔到营救眉庄,从蝶幸复宠到帮助玄凌铲除汝南王,再到最后打垮华妃、丽妃乃至皇后,无论是后宫争斗还是政权计谋,她的表现都让人由衷赞叹。

后宫女人多,职场是非多。

实际上,作者笔下的后宫其实就是现代社会的职场缩影,《后宫甄嬛传》更像是一本现代女性职场教科书。跌宕起伏的情节,处处暗合着当代职场人生的百转千回。我们从纯净的校园步入到社会这个人生大"职场"中,曾经的单纯或无知都会随着时间而逐渐走向成熟,从被别人算计到算计别人,曾经的朋友也许同样会因为这世俗名利的浸染变得不再单纯……

办公室政治是复杂深奥的,水深水浅都等着每个身在职场或者即将步入职场的人去蹚过……

"要在后宫之中生存下去的人哪个不是聪明的?"

"能在职场之中游刃有余的人哪个没有一些谋略呢?"

甄嬛,一个从低位嫔妃到笑傲后宫的职场CEO……

学甄嬛后宫智谋,让你舞动"职场后宫"!

目 录

序 /1

第一章 百计避敌,谋时而动——初入职场的韬晦术 /1

她有倾国的美貌,有过人的才情,有胜过男人的谋略;
她未出嫁便被身为吏部侍郎的父亲称为女中诸葛;
她初入宫门,便被封为菀贵人,万千宠爱在一身;
她面对高位嫔妃的打压,低位嫔妃的嫉恨;
不及侍寝,她便"病倒",一病半年,太监欺凌,嫔妃欺辱,宫女毒害;
她蓄势待发,一鸣惊人,凤鸾车载七日,椒房之喜,除妙音娘子,智胜华妃……
全因她懂得"初入职场的韬晦术"!
初入职场的你,是否野心勃勃,锋芒毕露?

初入职场,学会蛰伏 /3
菜鸟该了解的潜规则 /6
看清了,再行动 /9
不是工兵,小心地雷 /12
读懂隐私存在的意义(做人要低调) /15
远离"八卦",不做"八婆" /18
冷板凳,热屁股 /21

第二章 入宫交友,识人施恩——游刃职场的人脉拓展术 /25

入宫前,她亲眉庄,助安陵容脱困,礼待老宫女芳若;
入宫后,她提携温实初、钦天监、莫言、卫临,托温实初医治端妃顽疾,助敬妃上位,爱眉庄、淳顺、近欣妃、贞妃;

她帮小盛子寻找家人，安顿家人；
她借皇后之势斗华妃；
她礼待九王玄汾、六王玄清、内监总管李长；
……
芳若、眉庄、孙姑姑帮她在皇上、太后面前斡旋；
滴血验亲时，端贵妃、德妃、淀贵人、莫言等为她力证清白；
暖情香事件，端贵妃、德妃、庄敏夫人、欣妃、贞妃，你唱我和，你附我随，协助她除去安陵容；
危机之时，总有人雪中送炭，失宠低谷，总有人暗中相助；
后宫女人生存空间极为狭小，有格局眼光的女人，懂得如何通过盟友关系去拓展自己的生存空间！
职场中的你，应该如何挖掘属于你的人脉？

内修功夫，外营人脉　/27
为人情开个户　/30
放债收租，人情也有包租婆　/33
巧妙拓展人脉　/36
人脉纵贯线：别脱离群众　/39
深度发掘，由"老"及"新"　/42
不忘拜冷庙，悉心烧冷灶　/45
"艳遇"你的职场贵人　/48
嘴皮子的软实力（口才，职场的加分筹码）　/51
职场蜘蛛侠：学蜘蛛结网　/54

第三章　执掌棠梨，恩威并施——叱咤职场的用人术　/57

对待下人，她初入树威，遣散有异心的宫女太监，严惩花穗、康禄海、小印子等，培植崔槿汐、小连子、小允子、品儿、佩儿……
她将计就计赠送曹贵妃蜜合香测出浣碧异己之心，又用亲情相劝收复浣碧；
她让皇帝信服的贞妃、端妃代她说出想说之话；
她让心腹温实初、卫临位列太医院御医之首，死心塌地为她所用；
她设计杀黄规全，提姜忠敏，掌控内务府；
她识人善用，提携钦天监测定天象，为其扭转乾坤；
她让崔槿汐与太监总管李长结对，掌握皇上心思近况；
她与周佩合谋让周父旧属告发安陵容之父，牵制安陵容；
她让下人亲近陵容侍女莺羽，以凝露香混入狐尾百合花苞，让陵容面目一步步暴露；
……
她翻手为云覆手为雨，击败华妃、皇后，叱咤后宫；

全因她识人有方,用人有道!
混迹职场的你,怎样洞悉身边的人与事,叱咤职场?

做一只胭脂虎 /59
目标也是一种手段 /62
一手胡萝卜,一手棒子 /65
杀鸡吓的不止是猴 /68
用好下属,借人成事 /71
用合适的人,做合适的事 /74
论资排辈,重视元老人物 /78
领导的心腹 VS 你的心患 /81
荣耀来了,别吃独食! /84

第四章 取宠治君,平步青云——舞动职场的媚上术 /87

群妃争妍斗丽,她着素色衣裙别具韵味,让玄凌耳目一新;
温仪生辰,合宫家宴,她作惊鸿舞艳惊玄凌,以表现晋封婕妤;
失子失宠,她捕蝴蝶熏花香抱暖炉,设计蝶幸一局复宠,挽回玄凌爱宠之心;
祥嫔与福嫔争宠,她以糙米珍珠汤教训以压后宫争轧之风,树立威信并得太后赞赏;
皇后与华妃相斗,她以"庭前芍药妖无格,池上芙蕖净少情。唯有牡丹真国色,花开时节动京城。"的诗为皇后解围,表明立场。
汝南王事件,她与玄凌合计在华妃与乔采女面前演戏,帮助玄凌铲除汝南王;
她描远山黛,画姣梨妆,取悦玄凌;
她善诗词,能辩言,有才情,谨言慎行;
她拉拢李长,了解帝心,琢磨帝意;
她对玄凌欲擒故纵,让玄凌对她宠爱有加;
……
她明白深宫里捱着无爱的人生,所有的笑,所有的泪,所有的所有,都是演戏,都是为了取悦帝王,都是为了得到最大的利益;
她的媚上术,让她在后宫平步青云,最终成为后宫的 CEO!
面对办公室同样往来穿梭的漂亮女同事,你又将如何舞动职场,取悦于你的"皇帝"?

将领导发展成贵人 /89
投其所好 破译老板心声 /91
埋头苦干 = 什么也没干 /94
多才多艺,总有惊喜 /97

给领导面子,领导才会给你里子 /101
做舌头不做牙齿 /105
想胜利,先美丽! /109
远离 OFFICE 情感 /112
跟着你,有肉吃! /116

第五章 强本弱敌,以分其势——决胜职场的守衡术 /119

她联合眉庄,引荐陵容、淳儿与华妃分宠;
她与皇后联手剪除华妃羽翼丽贵嫔,依靠温实初药杀曹婕妤,削弱华妃力量;
她策反曹婕妤,使华妃被打入冷宫赐死;
她与端妃、敬妃、刘德仪合谋以安陵容佩戴之香囊有麝香对贞妃不利扳倒安;
她与庆嫔设计让玄凌面见祺贵嫔责打旧仆晶清,让祺贵嫔降为嫔,升庆嫔掌翠微宫主位;
她设计由钦天监的人说星象示安陵容为不祥之人,解除贞妃禁足,制衡皇后;
她借生产之喜,让玄凌赐崔槿汐为正一品尚仪,管领宫中所有宫女,了解所有宫女底细;
她告知敬妃多年不孕的原因是皇后陷害,瓦解敬妃与皇后之盟,再次联合敬妃;
她觉察胡蕴蓉与皇后嫌隙,挑拨贵戚胡蕴蓉与皇后相争;
她利用滴血验亲,铲除皇后爪牙染冬、祺嫔、祥嫔、余莺娘子、赵婕妤;
她大封后宫,削弱陵容、胡蕴容权势,收服后宫人心;
……
在后宫的争斗中,她面对无数次冲突,但最终在对抗中胜利,因为她明白如何制衡对手!
在错综复杂的现代职场中,你将如何决胜职场?

冷静应对职场冲突 /121
亲贤人,远小人 /124
该出手时就出手 /127
别着了友情的道! /131
抓住机会,击退对手 /134
不要一个人战斗! /137
善于寻找职场同盟军 /141
偷别人的菜,升自己的级(向职场对手学习) /144

第六章　忍尤含垢，进退有时——进退职场的罪己术　/147

她因失子伤心而失宠，眉庄带她去冷宫让她醒悟：继续沉沦只会坐以待毙，于是她设计蝶幸复宠；

她忍受秦芳仪和陆昭仪唾面罚跪之辱，谋求复起，后发制人以人彘故事吓疯秦芳仪，策反曹琴默，迫使陆昭仪自请降位；

册封礼上，她遭皇后陷害误穿纯元皇后故衣，失宠，为保胧月，她保身避祸，自请出宫礼佛；

为保与玄清骨肉，她默许槿汐拉拢李长，引玄凌相见，承认错误，荣耀回宫；

她忍受母女分离、家人流迁之恨，嫂侄惨死、哥哥疯狂之痛，与皇后、陵容姐妹相称，谋时后动，终报家仇；

……

后宫争斗，没有永远的赢家，也没有永远的输者，无论怎样算计，也有棋差一着的时候，千人拥戴的日子转瞬即逝，但是聪明的智者，往往能够识时务、明进退，最终笑傲后宫！

职场如后宫，有时候风平浪静，转眼间又波涛汹涌，当低潮来临的时候，你怎么渡过你的失宠期？

职场失宠：顶得住，撑得住，看得开　/149

职场危机：像陈冠希一样表演　/152

像张柏芝一样突围　/155

顺着曲折往上爬　/158

化恶魔为神奇　/161

草莓光鲜不如凤凰涅槃　/164

用"心"去战斗　/167

第一章

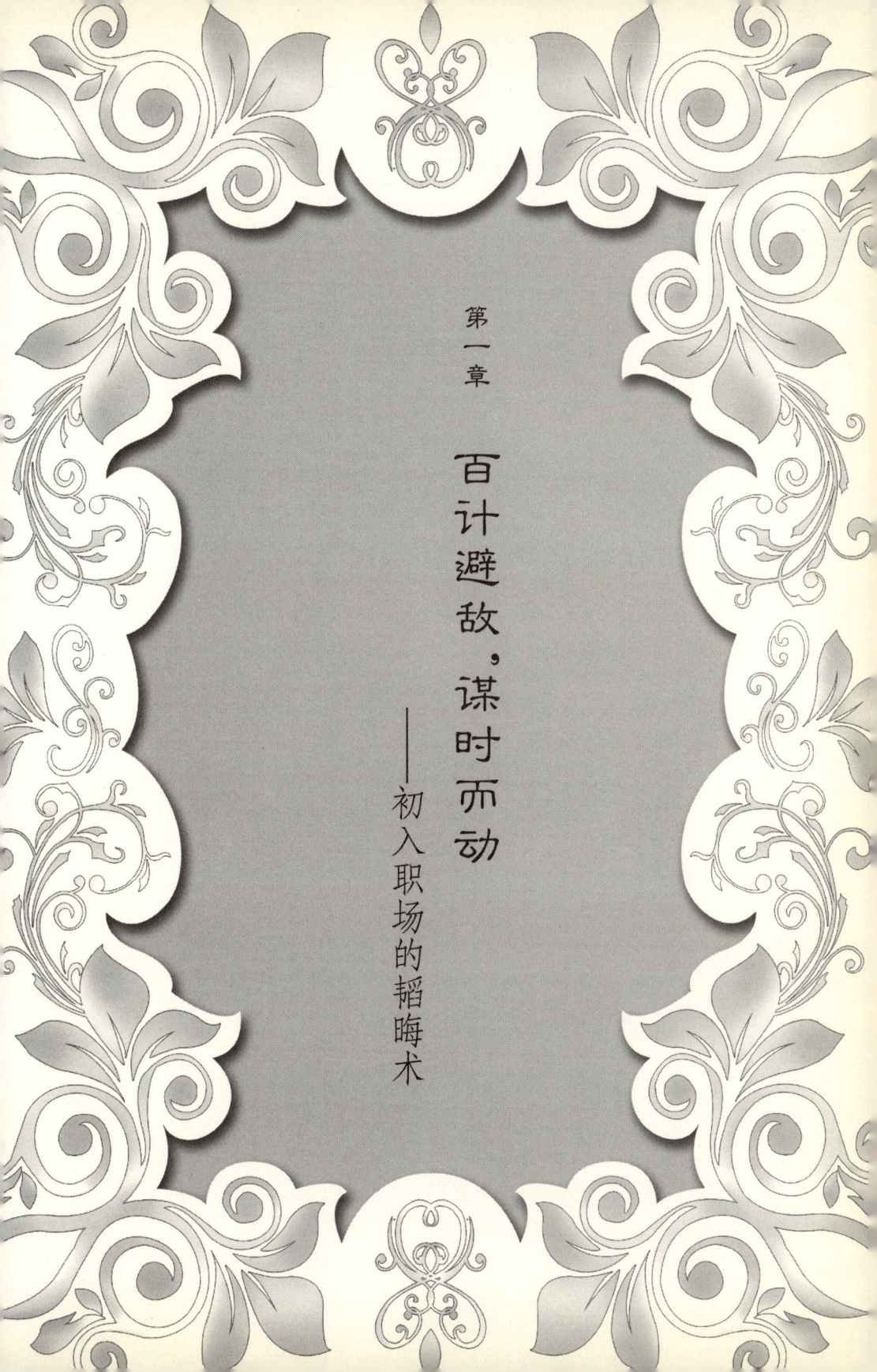

百计避敌，谋时而动

——初入职场的韬晦术

初入职场，学会蛰伏

姗姗进广告公司虽然才半年，现在只是策划部的一个文案，可她早就看上了策划部经理的位置。她看着策划部经理一天到晚抱着个电脑，反应迟钝，对着上司低眉顺眼，对下属也嘻嘻哈哈的模样，心想自己无论如何也要尽快展示自己。长江后浪推前浪，前浪死在沙滩上，不好好的展示下自己，永远屈居一个小小的文案太亏了。她觉得自己在各方面都占有优势：年轻，博学，新潮，反应灵敏，懂电脑，文字功底深厚；还有纵向的会迎合领导，横向的擅长人际关系等，要把策划部经理那个位置抢过来是易如反掌，而且自己坐策划经理的位置完全没问题。于是，在有大老板出席的一次会议上，她借着大老板对自己所写的广告的夸奖，在全公司人面前侃侃而谈，把自己之前设想好的关于如何改变策划部工作流程，如何提高策划部工作效率的建议都说了出来。大老板点了点头，"嗯，精神可嘉，但还是多把精力放在本职工作上，再多写些好的文案出来！"姗姗虽然有些失望，但觉得自己表现不错，至少给大老板留下了一些印象。正自我安慰时，抬头却看到了策划部经理冷冷的瞟着她的目光。

从那以后，策划部经理便想法刁难姗姗，明明需要一个星期完成的工作，硬要姗姗两天就出稿，还丢给她一句："我相信你的能力！"时间一长，忍受不了这种职场冷暴力的姗姗最终还是选择离开了公司。

姗姗的故事很典型，是很多初涉职场的人都会遇到的经历。很多刚毕业的新人，过惯了被人宠爱的日子，习惯了活在别人的赞美中，缺少生活的历练和社会阅历，又血气方刚，初生牛犊不怕虎，在全新的环境里，想要急于显露一下自己的才能和实力，盼望尽快得到他人的认可和刮目相看。因而表现得锋芒毕露，急于求成，结果在不了解职场潜规则的情况下，往往落

了个"木秀于林,风必摧之;堆出于岸,流必湍之"的下场。

俗话说,地低成海,人低成王,作为职场新人,在对企业情况和人事关系没有深入了解之前,低调蛰伏可能是我们最智慧的选择。人必须在蛰伏中学会忍耐,在忍耐中等待时机,在等待中蓄积力量;一旦等到时机,就可以一鸣惊人,扶摇直上九万里。如果开始就锋芒毕露,过早的想"崭露头角",很可能会使你陷入被动的局面。不仅自己失去良好的工作氛围,有可能无形中让大家感觉受到了威胁,进而对你敬而远之。更有甚者,会排斥你,挤兑你,给你小鞋穿。毕竟职场不是因为你一个人而存在的,大多数的职场人士并不喜欢太张扬的新人。虽然新人的锋芒可能是对于工作而言,但毕竟对他人有所威慑。

另外,锋芒太露也很容易使你无形中将自己的定位定得很高,当你处处显露自己的才干和见识的时候,老板和同事可能会产生一种心理定式,老板会认为你比别人强,大小事情都能慢慢放心交给你,同事则会以一种复杂的眼光来看待:你不是挺有能耐的吗?这么有能力,爱表现,那就把事情都交给你做吧!

结果,要么你"能者多劳",包揽超过你范围的工作;要么你鹤立鸡群,但"遗世独立"被排斥在外,而当你一旦有所闪失,轻则老板可能说你还欠火候,重则同事落井下石,认为你这是自高自大的最好报应。

锋芒毕露还有可能会让初入职场的你过早地卷入升迁之争。你和平时的工作伙伴瞬间会成为竞争对手,少了友好,多了猜疑。而且升迁之争必然带来残酷的淘汰,由于你是职场新人,没有自己的人脉资源和支持力量,在公司还处于无足轻重的低位,所以,你极有可能会在一种不公平的暗箱操作和利益交换中,成为无辜的牺牲品。即使你真的能力很强,工作表现不错,有很好的发展前途,但你毕竟是个职场新人,没有稳固的根基,没有经过职场天长日久的风吹雨打,就没有在升迁之争时胜出的筹码,毕竟能力和表现取代不了经验和人脉!

所以,初入职场的你,如果还不具备厚积薄发的实力,那就不要一股脑儿地亮出自己的十八般武艺,避免最后黔驴技穷,被人嗤之以鼻,逐出场外。

现代职场太复杂,水太深,暗礁太多。洁净的办公室交织着很多我们看不到的各种矛盾和阴谋,它是一个利益名利场,每一个同事都是名利场上身经百战的斗士。所以,初入职场的新人,必须有耐心,大耳朵多听,小嘴巴少说。不显眼的花草少受摧残,避免重蹈姗姗锋芒太甚,姿态太高,最后退败职场的覆辙。以蛰伏者的心态低调做人,含蓄、内敛而自然地展示自己,全心全意种好自己的"责任田",尽快了解公司的软硬环境,建立起自己在公司内外的人脉网络,对公司存在的各种错综复杂的问题形成自己的判断能力和解决问题的能力。

真正的成功者,都是掩其锋芒的。阿里巴巴马云说我们是第一,但我们很低调。周恩来身居高位却始终保持内敛;钱钟书、老舍等文学巨匠名扬天下,却以普通人自居;尼采自诩为太阳,结果却疯了。

对于刚刚踏进职场的人,锋芒是一把具有杀伤力的双刃剑,在你根基尚未打稳的情况下,极易在伤了别人的同时,也伤到自己。

有才能,适当隐藏,有耐心,学会等待,是人生的一种境界和技巧,这一点,对于职场新人来说尤为重要。在职场上,当别人都束手无策时,你的平淡才体现出你技高一筹。

甄嬛的韬晦策略:

甄嬛容貌绝色,才艺两全,尚未进宫就惹得皇上注目,她的锋芒让后宫嫔妃嫉妒不满、满宫树敌;

低位嫔妃梁才人出言无状讥讽她,宠妃华妃敲山震虎威胁她,皇后火上浇油、刻意张扬都将她推到了风口浪尖上……

甄嬛深知自己锋芒太甚会成为众矢之的,明枪易躲暗箭难防,于是与太医温实初串谋装病避宠,低调而内敛,最终躲过暗算,安居棠梨;

再看其他嫔妃,眉庄端庄自持,却因为在"新晋嫔妃里拔尖"而被华妃使人推入水中差点溺毙;

梁才人张扬跋扈,被华妃赐以一丈红残废;

妙音娘子恃宠而骄,终被勒杀冷宫……

菜鸟该了解的潜规则

"衣服越穿越少,妆越化越浓,身材越来越瘦,胸部越挺越大。"是网友对现代女性着装打扮"四大越"的调侃。的确,走在大街上,你可以选择穿低腰裤、露脐装、露背装甚至露股装来彰显你的时尚和另类,享受大家赞许的目光;也可以选择鲜艳的色彩、另类的佩饰做你装扮的大爱元素,以追求新潮,厌恶俗旧,挑战权威的方式张扬你青春、自我的一面。

但是,当青春靓丽的你摇身一变成为初涉职场的白领时,从上班的第一天开始,你的身份便多了一个标签,就是你的工作单位和职务,如"某某公司某某部门助理"或"某某公司行政部文秘"等。如果将企业比作拥有强大磁场的磁铁,企业文化比作磁极,那么你身上的标签就是磁场周围的铁屑,你的穿着打扮、言行举止只有符合磁场的磁极,才能被磁铁吸得更牢。花哨的服饰、夸张的打扮只会增加人们对你工作能力、工作作风、敬业精神、生活态度的质疑。

职场不流行另类、个性,企业文化才是职场着装真正的流行风!

从我们踏进职场的第一天起,企业就在向我们传达企业文化内涵和企业经营理念。企业文化不是一种看得到摸得着的文字性材料,也不是规则制度,而是一种企业氛围,是一个企业的工作作风。它是在企业成长过程中形成的自身独特的文化,受民族、地域和创始人等各方面因素的影响。例如一对夫妻靠推着三轮车卖书起家而成长起来的民营企业,很可能十分重视成本节约,企业文化崇尚简单自然淳朴,很可能不喜欢现代年轻女孩夸张的染发、性感暴露的装扮,所以在管理企业的过程中就会有所体现。

如果你进入的正好是这样一个企业,一定要有相应的思想准备,要懂得主动去适应,顺势而为。即使内心有多么强烈的欲望要穿一件吊带裙或者迷你短裙,也要懂得克制一下自己。因为在职场中,如果一个人总是想着按自己的意志活,那他可能会"死"得很惨!

Linda 是大学时代大伙公认的紧追潮流之人,她喜欢一切新鲜的东西，喜欢与众不同，喜欢做弄潮儿，那种独领风骚和新鲜刺激的感觉对她极具诱惑。她对时尚的把握和模仿让她在大学四年里成为学校里闪亮的明星。可是毕业进入职场后，另类的着装、流行的妆容却让她多次受到领导的批评和同事的嘲讽。刚上班时，Linda每天换着花样打扮自己，前台婷婷曾暗示她公司员工都比较简单朴实，领导也喜欢自然大方的打扮，让她穿着尽量朴素一点。Linda不以为然，心想我爱怎么穿就怎么穿，公司哪那么多事啊？连穿衣服都要管，还有没有自由了。可是Linda还是慢慢感受到了大家看她的怪异表情和老总越来越冷漠的眼神，直到公司开周末例会那天，领导在会上强调："我们公司一直强调员工的着装要简朴大方，但是有的员工却总是标新立异，我希望这样的情况不要再出现了。八小时以外的下班时间你可以强调个性与爱好，但在办公室里请大家不要太随心所欲。因为公司是个团队，每个员工都是其中的一份子，不是独立的你自己，所以一定要注意顾及我们团队的文化和氛围。"老总说完，有意无意地瞟了Linda一眼。

　　Linda的脸唰的一下就红了，接下去的一段日子，Linda都是穿着中规中矩的套装上下班，这让习惯了追赶潮流的Linda心里一直不快，老觉得自己灰头土脸，了无生机，连工作都没了激情。

　　有一天，Linda实在抑制不住街头靓女穿着漂亮衣服的诱惑，买了一件皮质的短裙穿着上班了，本想会得到大家的注视和赞许，可是却被老总在大厅里当众训斥道："你这身打扮是来上班的吗？你还有没有一点形象意识啊？裙子穿那么短就好看了啊？回去换了再过来"，"我不干了不行吗？"Linda恼羞成怒，"啪"的一声扔下文件甩头就走了。

　　Linda职场的失败是两种文化和价值观强烈碰撞的结果，当然，这种碰撞中受伤的注定会是职场人。

　　"云想衣裳花想容"，虽然爱美是女人的天性，但是职场不是T型台，领导、同事也不是台下的观众，一个成功的职业女性应该懂得解读所在企业的文化内涵，毕竟，它是一种文化长期积累的结果。

　　如果企业内部已经形成了"裙子不宜过短，服饰不宜花哨怪异"这样约定俗成的习惯，那么，就说明大多数员工尊从、认可和坚持这种习惯，就好比大众眼中的道德准绳，它就不会因某一个人不习惯而改变。虽然它不会像公司规章制度一样公告天下，也不能因为你不遵守而踢你出局，但是如果你触犯它，它就有可能让你碰得头破血流，吃比违反公司纪律更大的苦头。

就拿Linda来说，她连续迟到三次也许也抵不上一次打扮怪异引起的影响，毕竟，只有负责考勤的人在注意她是否迟到了，而其他同事可能并不关心。但是，如果在一个大多数人都看不惯女员工穿着怪异的企业，Linda却一定要坚持自我的个性风格，那在大家眼里，就是一种不尊重公司风俗习惯的表现，就好比触犯了道德准绳，会受到领导含沙射影的批评和同事们暗地里的指指点点，议论纷纷，在"群起而攻之"的处境下，要么受伤退出，要么成为公司的"孤家寡人"。

所以职场的Linda们，永远不要在你的环境里招摇你的另类，因为另类的人必然是少数，而少数的人通常都是不受欢迎的。对于公司类似的潜规则，适应才是硬道理。

甄嬛的韬晦策略：

新人进宫，第一次觐见后宫后妃非同小可，其他新人想尽办法争奇斗艳，想要艳冠群芳、一鸣惊人，甄嬛心知在新晋宫嫔中占尽先机招人侧目对己不利，华妃在场亦不宜招摇，越低调谦卑越好；

于是随意梳宫中最寻常普通的如意高寰发髻，佩戴颜色朴素大方的首饰，穿不出挑的浅红流彩暗花云景宫装，说着最谦卑有礼的话；

宫中女子面圣多为求皇上喜欢，极尽艳妆丽服，甄嬛素淡装扮让皇上耳目一新；

新年阖宫朝见太后，甄嬛弃华贵的白狐狸鹤氅而着蜜荷色普通风毛斗篷，因为她明白，在心存敬畏的太后面前，谦卑是最好的姿态，简约是最明智的选择；

她的着装打扮，一言一行，让深谙后宫生存法则的宫女槿汐会心赞同……

看清了,再行动

地铁站里,某西式快餐厅有一则醒目的广告,上书:"你是哪一派?苹果派!"这句广告语,更像是在问那些西装革履上下班,每天置身职场派系之争中的白领们:"你究竟是哪一派?"

现代企业中,窗明几净、明媚静谧的办公室里到处都涌动着人际关系的暗潮,派系之争,成为不管是职场人士还是企业经理人都难逃的"饱受折磨"的噩梦。

俗话说,有人的地方就有是非。在企业里,不管是分工合作,还是职位升迁,抑或利益分配,无论其出发点是何其纯洁、公正,都会因为某些人的立场角度或"主观因素"而变得扑朔迷离,纠缠不清。这些"主观因素"会随着复杂纷繁的猜测而渐渐蔓延,使原本简单的同事关系、上下级关系变得复杂起来:一个十几个人的办公室,可以分割成几个不同的派别,更可以有由这些派系滋生出来的上百个纠缠不清的话题。一些人力资源研究者将这种现象戏称为"办公室政治"。而习惯于各派系之争,已经练就不动声色、波澜不惊的职场老手,更形象地将办公室比喻成战场。在这里,每天都进行着一场场没有硝烟战火的较量,笑靥如花的背后都是一出出你来我往的争斗。只要你置身其中,不管你累不累,愿不愿意,都只有"身不由己"。

江湖之险,在于人心的深不可测;职场之恶,在于欲望的如影随形。对于"职场新生代"们来说,一入职场,便入江湖。"白骨精"不是谁想做就做得了的。面对无法逃避的派系之争,关键在于你是否能选对队伍站好队,选对了,你就能在职场中找到属于自己的位置,转正、加薪甚至升职都少不了你,选错了队位,结果只有两种,要么弃暗投明重新排到对手队尾,要么拍拍屁股黯然走人。

不管是黯然走人还是弃暗投明,都是在为站错队埋单,埋单就意味着付出代价,职场新人们,为了避免代价太惨重,适当的思考就显得尤为重要——哪位中层领导最受老板信任?哪位领导和哪位领导正在闹矛盾?公司职权结构如何划分?公司牛人都有哪些?哪位领导可能要谢幕了,跟着

哪位领导可能会有较大的发展空间？有的人在弄懂这些问题前，懂得以谦逊的姿态隐藏自己，审时观势；大多数的人则在看不清楚现实和大局的情况下，凭借个人好恶选择了一队，最终成为职场争斗的埋单人。

夏雨刚刚大学毕业不久，在一家酒店做副总助理，是一位不折不扣的职场新人。她工作中很重要的一项是做质检。夏雨刚入职，做事积极主动，一切工作都严格按照副总吩咐办，还提了不少合理化建议。但是让她越来越困惑的是，总经理似乎很讨厌她，她精心撰写的报告总是被总经理痛批得一文不值，可是经过他的助理稍微修改一下就成了他们的专利。而且有时候总经理会指派一项工作要求夏雨短期内完成，之后又总是批评她循规蹈矩、没有创新，夏雨很苦恼，不知道为什么总经理会这么针对她。后来经人指点后，夏雨才知道，原来总经理与副总的矛盾由来已久，同事们虽然平时表面也都客客气气，但实际上却分为"老总派"和"副总派"，两派之间的利益冲突很多，且副总已经处于谢幕的边缘。夏雨刚入职，不清楚情况，以为严格按副总吩咐办事就行，可是却在无意中得罪了以老总为首的"老总派"，所以虽然她提出的建议很有建设性，但却得不到老总的认可。

其实，在夏雨积极主动、恪尽职守的时候，她已经犯了很多的忌讳。她在没有判断公司内部的人事形势下，积极表现自己，虽然工作多做了，但老总却得罪了。如果夏雨还不能从这种人事争斗中醒悟，最终受苦的只能是她自己。

如果将公司比作一块土地，我们每个人就是这块土地上的开垦者，我们每天勤于垦荒，无非就是为了得到更大的地盘。新人的加入会使开垦的队伍增大，所以你选择跟谁一起开垦，有时直接决定了你拥有土地的多寡，如果你想独自开垦，对不起，可能属于你的一亩三分地都会成为两派分摊的馅饼。

所以，新人进入公司后，最好表现得淡然一些，这样既可以留足时间充分观察局势，又可以避免处事不慎可能招来的不满和敌视。在有些职责可能涉及公司中某些人利益时，尤其需要谨慎，作为一个新人，处理这种问题时，不作为也比盲目按制度办事要好。

古语云："君子谋时而动，顺势而为"。在未看清局势之前，新人最好不要急于显露自己，要有谦虚稳定的心态，学会做"君子藏器于身，待时而动"的潜龙。毕竟普通低调的员工无人嫉妒、无人反对、无人使坏，也能避免过早地卷入派系之争,也能借此了解自己在周围人心里的地位,尤其是领导心里的位置。不要蛮干,埋头苦干,应该多抬起头来看看周围的环境,适度牺牲一点精力去适应工作环境和协调人际关系,在看清形势后,选择某个优势团体,把自己融入进去以免被孤立,拥有了自己的立足地,才有发挥才能的根基。

职场新人只有掌握"内方外圆"的处世之道,才更有利于发挥好自己的才能。所以用心观察,先摸清情况是职场新人的第一课。

甄嬛的韬晦策略：

甄嬛初进棠梨宫,从槿汐口中了解宫中华妃当势、史美人失宠情形后,小心行事,机敏应对;发觉遭妙音娘子毒害,冷静设局,抓花穗、审小印子,证据确凿后始揪出元凶;后看清丽贵嫔胆小无用,又谋时而动,用"鬼魂"计除丽贵嫔,压倒华妃;

好友眉庄被陷害假孕,甄嬛深知一动不如一静、宁急不进,唯有自己地位巩固了才有办法为眉庄筹谋,果得皇上疼惜和信任,后终选择时机,救出眉庄;

好友淳儿猝死,甄嬛明知淳儿被人害死,委屈不甘,也压制悲恨,静待时机,后终于在华妃失势时揪出旧案为淳儿一举报仇;

甄嬛失子失宠后忍受秦芳仪睡面之辱,看清妃嫔失宠后在冷宫的凄惨生活,后忍辱复宠,终让秦芳仪之流付出惨重代价;

华妃惩罚甄嬛使之失子,华妃被降位,为了安抚慕容一族的野心和寻到华妃的错处,甄嬛长远着眼,忍受委屈和悲愤,主动请求皇上玄凌为华妃复位;

华妃虽聪明、狠毒,但被父兄功劳和玄凌宠爱蒙蔽双眼,嚣张跋扈,落得惨死冷宫的下场。

不是工兵，小心地雷

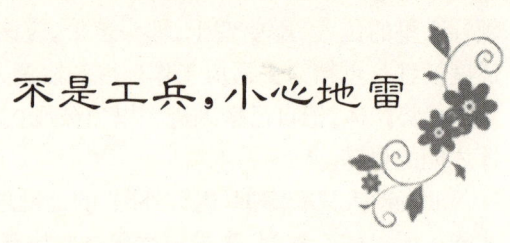

很多人都有这样一种经历，就是第一天上班的时候人事部的人跟你谈话时，常常会对你说我们公司是一个开放的公司，你入职后，如果觉得工作中有什么问题，或者对于公司各项制度有好的意见或建议，可以跟我们反映；在开会的时候总经理会对大家说"大家畅所欲言吧，我会尽力满足你们的要求，尽量解决你们所提的意见"，当你真的信以为真并准备着手写建议书的时候，你就已经陷进这个陷阱中。

特别是当你对公司的政策、环境或制度说出了真实的想法，在公开场合上反对公司的政策制度后，公司会视你为影响公司氛围的激进派，他们觉得你很危险，会通过一些方法让你打包走人。

大多数时候公司是没有言论自由的，另外，办公室是一个充满原则、纪律，讲求策略的场合，更是一个充满利益冲突的是非之所。办公室还是闲话的滋生地，工作间歇，大家很愿意找些话题来放松一下。尽管大多数人都知道"办公室里隐私不宜说"，但是他们在日常与同事的谈论中又往往涉及私人感情、家庭关系、同事喜恶和上下级关系等隐私性内容。

实际上，隐私本身是一个相对而言的概念，特别是在工作环境中，绝对只谈论公事也是一件不可能的事。同一件事情在一个环境中是无伤大雅的小事，换一个环境则可能非常敏感。很多新入职场的年轻人，为了引起同事们的注意，往往喜欢显示自己消息灵通，力争使自己在各种场合都占尽风头。常逞一时口舌之快对同事隐私滔滔不绝，其实这样会使大家产生反感情绪，弄不好还会成为众矢之的。

职场上风云变幻，环境险恶，每个人都扮演着不同的角色，或主角，或配角，盲目地逞强、处处张扬自己，一不小心就会卷入有口难辩的是非中。把自己的私域圈起来当成办公室话题的禁区，轻易不让公域场上的人涉足，是非常明智的一招，是竞争压力下的自我保护。

所以职场新人一定要记住，为了不让闲聊入侵私域，最好的方式就是管住自己的嘴巴，不要谈论自己，更不要议论别人。谈论自己往往会让人觉得自大虚伪,在名不符实中失去自己;议论别人往往会陷入鸡毛蒜皮的是非口舌中纠缠不清。与同事交流的日常话题最好有意围绕新闻、热点、影视作品谈天,避开个人问题,免得无意中得罪他人,落得被人穿小鞋都不知道为什么的结果。

如果跟同事言谈的话题已经涉及到隐私,那就要坚守多听少说的原则,在你"吐露心声"之前,也要预想一下自己的言论会否为自己赢得同情或带来危害,是否能保护自己立于安全地带。

最重要的是,言谈话题上要尽量把握好同事间和平、互助、有距离关系的尺度,以宽容、平和的心态对待别人的隐私,为自己减少惹来不必要危险与烦恼的可能。真正八面玲珑的人,是懂得给自己也给他人留下一片自由呼吸的空间的人。

还有不少人无论工作在什么环境中,总是怒气冲天、牢骚满腹,总是逢人就大倒苦水,尽管偶尔一些推心置腹的诉苦可以构筑起一点点办公室友情的假象,不过像祥林嫂般地唠叨不停会让周围的同事苦不堪言。也许你自己把发牢骚、倒苦水看作是与同事们真心交流的一种方式,不过过度的牢骚怨言,会让同事们感到既然你对目前工作如此不满,为何不跳槽,去另寻高就呢?

除了言语上的注意,想要在办公室立足,有些行为对于新人来说更需要避免。例如在万不得已的情况下切忌不要随意向别人伸手借钱,即使借了钱,也一定要记得及时归还。

    李静是一个典型的月光族,平时大大咧咧,花钱也大手大脚,往往不到月底发工资时手上的钱已经花光了。一次临到要交房租,李静才发现手上的钱不够,于是找到平时关系不错的张姐借了两千块钱挪用几天。两千块钱不是一个小数目,李静一时也还不上,于是对张姐承诺的还钱日期一拖再拖。

    后来李静实在不好意思,找到张姐问道:"张姐,你这几天不等着用钱吧?""哦,前几天我女儿要上钢琴班倒是要钱用,不过我已经想办法解决了。""哦,那就好,我等过几天发了工资就给你吧。""嗯,没事。"李静为此松了一大口气。不料却在厕所无意中听到了其他同事对自己的议论:"佳佳,你说李静那人是真傻还是装的啊?人家张姐已经很明显地暗示她需要钱了,她咋还心安理得的跟没事似的啊?""咳,谁知道呢,平时花钱跟不是自己的似的,还真是借来的钱花得不心疼啊!以后咱们可得离她远点,别到时候借到咱俩身上了。"李静听后气愤不已,下午就拆东墙补西墙找同学借钱还了张姐的钱。不过她这种随意借钱，而不及时还钱的毛病，还是让她在同事中间失去了人缘。

甄嬛的韬晦策略：

甄嬛为避锋芒，装病避宠期间深知奴才在精不在多，若有异心防不胜防，打发有异心的棠梨宫内监首领康禄海、太监小印子及其他宫女，行为谨慎；

上林苑中骤然获宠后不急于病愈怕露痕迹惹人疑心，警戒下人不露骄色，不乱称呼；

面对丽贵嫔含沙射影辱骂，她极力忍耐不逞一时口舌之快；

喝药后有犯困迹象后立时警觉药物危险，终设下圈套找出元凶，保得性命；

初入宫正得恩宠时，浣碧为甄嬛挑选珍珠莲花步摇梳妆，甄嬛谨慎道：步摇原是贵嫔以上方能用，上次皇上赐我已是格外施恩，今日非节非宴的太过招摇，皇上虽宠爱我，也不能太过僭越了；

安陵容家世低微，她在宫中小心翼翼，即使得宠也不表现得过分嚣张，所以屡进位份；

妙音娘子永巷高歌，不合规矩；骄横无礼，私自关押宫嫔进"暴室"，言行不谨，气数早尽；

淳儿心地单纯、了无心机，言语得罪华妃一系，又年少得宠，结果被溺毙太液池，英魂早逝；

汝南王依仗军功，飞扬跋扈，责辱文官，穷奢极欲，结果引来朝野非议、言官上奏，终被皇上全家抄没，身首异处；

恬嫔依仗怀孕，撒娇撒痴，两度晋封，得意张狂，结果被皇后以掺了夹竹桃粉的如意糕害得小产，失子失宠。

读懂隐私存在的意义
（做人要低调）

众所周知,中国人喜欢"窝里斗",正所谓"有人的地方就有江湖",尤其是在波谲云诡的办公室环境里,这种"没有硝烟的争斗"时有发生。更有人把办公室生存环境比作"野兽出没的原始森林"。

世界万事万物都有两面性,当然在办公室政治中同事关系也不例外。同事关系是既竞争又合作的关系,正所谓"百年修得同船渡",又所谓"不是冤家不聚头",一方面合作,一方面竞争。不合作难以成事,不竞争难以使人走出众人行列。

在一个企业中,要想取得自己心中想要的成功,同事关系和言谈内容的恰当拿捏、把握相当重要。孙子云:不尽知用兵之害者,则不尽知用兵之利。有江湖必有险恶,有同事必藏竞争对手! 初入单位,就是要仔细观察单位环境,低调而行,睁大眼睛,切不可进入职场立足未稳,就满世界宣扬你的爱恨喜憎。

职场是竞技场,每个人都可能成为你的对手,即便是合作很好的搭档,也可能突然变脸,她知道你越来越容易攻击,你暴露得越多越容易被击中。比如你曾告诉办公室某个好姐妹自己的男友跟别人好了,在遇到矛盾的时候她就会拿这个话题来攻击你:"连男朋友都搞不定的人,公司的事情你能搞定吗？"

在公司里,低调和神秘感是保护你不受攻击的软猬甲,因为无论你的为人是多么的亲切平和,处世是多么的圆滑世故,也会有人把你当作升级的绊脚石,或是提薪的竞争对手,会使你在不知不觉中成了"敌人"的目标。美国劳伦斯丁彼得曾经在他的《彼得原理》一书中揭示人们谋求晋升的欲望极限:"在实行等级制度的组织里,每一个人都崇尚爬到其能力所不逮的阶层。"这就是人们所熟知的"彼得原理"。

因此,行走职场不让对手和同事知道你太多的情况,"为人且说三分话"极有必要。

始终保持一种神秘感，让你的竞争对手知道得越少，他们就越不敢轻易向你挑战。

张谨和天妮在同一家贸易公司上班，她俩同时期进入公司，位置相邻、年龄相仿、业余爱好也相近，平常的关系可以用"如胶似漆"来形容，两人总是一起吃工作餐，哪个商场里打折促销，两人也一定相约一起逛街血拼。平时公司同事都笑称她们是办公室成长起来的"闺密"。

事实上，天妮也把张谨当成了自己的知心朋友，有什么心里话都会对张谨和盘托出，有什么事情也总愿意找张谨商量。一天两人下班后在酒吧里，聊到兴起时，天妮告诉张谨，自己上个月"飞单"了一次（将自己公司的业务拿到别的公司做，从中获得利益），张谨笑着摇摇头，说"咱们都喝多了吧，喝多了。"一段时间以后，部门有了一个副主任的职位空缺，张谨和天妮都有条件去争取，可是一天下班后张谨却一把拉住天妮："这次你还是别和我竞争了，老板要是知道了你'飞单'的事，总不大好吧！"

虽然办公室里工作时间长，工作内容单调，聊天本是一件极平凡的事情，但是如果总习惯于兴起之时，口不择言，把自己遇到的一些个人危机，如工作小失误、失恋、家人生病、夫妻关系不和睦等问题像竹筒倒豆子那样一点不剩的跟关系很近的同事倒出来，往往是自掘坟墓，当昔日这位相好同事变成对手的时候，你倾诉的这些事情就成为对方翻脸攻击你的利器。

说话要分场合，谈话要看对象。"公私分明、外圆内方"是一条在任何时候都适用的规则。办公室里，别让对手清楚你的底细，越是了解你的人，就越容易掌握你的弱点，也就可以一刀将你致命。《金枝欲孽》里义结金兰的尔淳和玉莹亲密无间，但却各怀心事，尔淳知道玉莹一心想得到皇上的宠爱，便担心玉莹受到皇帝的宠爱危及自己的地位，故多次设计陷阱让看似单纯无知的玉莹往下跳。玉莹对好朋友的一举一动心明如镜，却在尔淳面前装成一副心无芥蒂天真无邪的样子，反而让尔淳陷进了自己设计的陷阱中。

初出校门的职场新人，一定不要像在宿舍与同学聊天那样随便，口不择言，把自己的私事全倒给同事。也不要把沮丧、烦躁、郁闷的个人情绪带到工作中。也许你很希望别人谅解你、同情你，甚至分担你的烦恼，但是要明白，办公室里如果你的私事多次向他人暴露，使他人知道得越多，来日他人就越容易击中你。

所以，不管是工作上的小秘密、小失误，还是个人生活中的热恋、失恋，都不要把自己的故事传播在办公室。即使是私下里，也不要随便对同事谈论自己的过去和隐秘思想。工作之余，与同事一起去卡拉OK，下酒馆，郊游时都要把握这个原则。

做一个"含蓄"的人，无论富贵有余一帆风顺，还是穷苦不足失误不断，都不要向别人显露。

甄嬛的韬晦策略：

甄嬛初进宫便得皇帝青睐，串谋温太医装病避宠，死守秘密，受尽旁人欺凌、嘲笑亦不泄露，终一举翻身，令后宫侧目；

与太医温实初为青梅竹马之故友，但在后宫之中保守秘密，多得温实初相助，才能躲得险境；

与侍女浣碧实际上为同父异母姐妹关系，但也隐秘不泄，保得父亲名誉；

甄嬛善惊鸿舞，不表露，终在合宫欢宴曹婕妤刁难时，一展舞姿，让玄凌惊艳、曹婕妤变色，继而进封为甄婕妤；

甄嬛在宫外怀孕，保守双生子的秘密，忍受后宫嫔妃诋毁猜测非议，后在适当时刻宣布，后发制人，一举登上淑妃宝座，让皇后手足无措、脸青唇白、处境被动；

六王爷玄清才情盖世、能征善战，却安于做一个闲散王爷，唯有韬光养晦，才能保得性命；

眉庄求子心切，才被华妃设计请君入瓮、釜底抽薪，最后被禁足存菊堂，失宠冷落；

众宫嫔了解安陵容为县丞之女，身份低微，所以即使她貌似谦卑柔弱，还是受尽后宫嫔妃奚落鄙视；

华妃私交前朝大臣的秘密无意中被淳儿撞见，迫使她杀淳儿灭口，结果只是让自己罪孽更深，罪状更多，离冷宫更近。

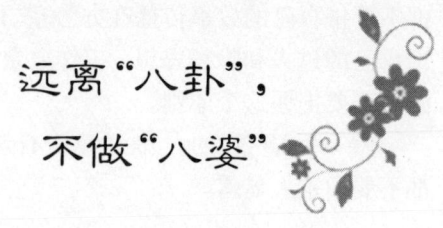

远离"八卦",不做"八婆"

"两个星期前,我和一位很好的同事张楠说了一段部门经理的八卦,结果这周部门经理就开始不断给我穿小鞋。"在某 IT 公司供职的 Maggie 近日颇为烦恼,因为传了那段八卦,公司一年一度的旅游,她被安排到了和新人一组,显然——旅游线路和沿途吃住都要差许多。更让 Maggie 担心的是,只要经理怀恨在心,接下来不知道还会有什么坏事在等着她。

任何一间办公室里都会活跃着这么一个毒人,她拥有间谍的潜质,有捕风捉影的洞察力和锲而不舍、不怕白眼的决心,还兼有做主播的天分,能把看来的、听来的,甚至编来的故事讲得头头是道,惟妙惟肖。她是办公室谣言的小喇叭,是茶水房里的大红人,以制造、传播谣言为乐。在工作闲暇之余她会一脸神秘地凑在你耳边,"你知道吗?总经理的那个秘书小李,就是头发长长的那个,怀孕了! 嘿嘿,她才 20 岁,而且没男朋友,你说这肚子怎么鼓起来的? 你说会不会跟……""听说你们部门的小张在开会时得罪了老总,现在金融危机公司要裁人,老总正准备拿小张开刀呢……"MSN或者 QQ 里,她会一个接一个消息发过来,从销售总监的"性丑闻"到客服部小丁脖子上的红印,八卦个没完,俨然话痨。

在这个信息社会,这样的毒人能让你随时把握公司的动向,站在公司"小道消息"的前沿,可是一旦哪天你不小心沾染了她的毒性,参与八卦之中,她又能随时让你"染毒而亡"。

放毒的人在职场里有个与时俱进的称号,谓之"八婆",八婆口中的八卦可谓包罗万象,比如某人是如何被提升的,某人是因何离职的,某人是如何伸手跟领导要钱的,某人又是如何成为众人的"叛徒"的。不仅如此,这些八卦还不仅限于公司内部,无意中,你可能还知道你的好朋友的上司离婚了,你业务单位的某位高层被竞争对手策反了……

八婆们传播八卦和追随者打探八卦都好比在进行一项高风险的投资,八婆们在获取一吐为快的快感和窥探欲得到满足的同时,她们的成本也随时都能亏进去。像上面例子中的 Maggie，在对好朋友传播领导八卦的时候，尽管她足够自信好朋友不会直接向领导打小报告，但好友的好友呢？谁也不能保证八卦绕个弯最终不会传到当事人的耳中。办公室里，什么可以八，和谁八，怎么八都是一门学问很大的技巧。

当同事搞来港台明星一箩筐八卦时，如果你也不甘示弱，与她对讲老板私事：什么唱歌拿手曲目是灰姑娘啦，什么吃饭时看到美女眼神很色啦，什么他最喜欢电眼美少女张韶涵，连屏保都是这个啦……虽然你很快能盖过同事成为众人焦点，但是你会比她更快接近被解雇的边缘。

在你还未掌握八卦规则和技巧的时候，对于大多数八卦，充耳不闻是最好的办法。所谓流言止于智者，聪明的人不光能识破许多八卦的真假，还能适时地闭上嘴巴。其实原因在于听从别人告诫或者自己亲身经历得出经验——传播八卦，尤其是领导的八卦是职场的雷区。

最重要的是，没有人愿意跟那些常拿着放大镜看自己的优点，看别人的短处；上司面前充能干，同事面前逞聪明；口没遮拦、贬人抬己，只要抓住一个哪怕极小的把柄就会张扬个不停的八婆们做朋友，也没有哪个老板喜欢这样的下属。所以对于同事和领导的八卦，沉默是金是最好的避雷针。

有位混迹职场多年的达人曾经总结道："职场八卦好比小孩吹出的泡泡，你听到的故事有 N 个版本，每个都是那么栩栩如生，即便那些事情发生在主人公家里的卧室，也仿佛他们就在现场目击了整个过程。听到这些可信度极低的八卦，就好比看到满空飞舞的彩色泡泡，你大可一笑而过。"

不做八婆，往往不代表你远离了八卦的中心，在不甚健康的办公室环境里，一不小心，你极有可能成为八卦的主角，对于流言，你又该如何应付呢？

首先，心宽大度是关键，在流言袭来的时候，一定要保持镇定，千万不要在八卦面前暴跳如雷，同八婆们大吵大闹，那样反倒将本来私下的流言演变成公开的矛盾，让事情越闹越厉害，还给别人留一个遇事急躁的坏印象。在八卦面前保持微笑、冷静对待，当你对这些八卦嗤之以鼻时，流言迟早会销声匿迹。娱乐圈许多大牌明星面对负面新闻一笑了之的态度值得我们参考和学习。

其次，面对流言要学会机智应对，当单枪匹马笑对八卦流言还无法平息八婆们八卦的快感时，就需要主动出击，寻求支持。寻求支持的对象既可以是上司，也可以是关系相好的几位同事。上司在面对下属员工八卦的时候总会参考其他下属的意见，这时候同事的意见就会起到一言九鼎之功效。在不愿惊动上司的情况下，也可以寻求同事中关系较好的或稍有正义感的，让她们了解一下事情的真相和过程，再面对流言的时候，她们的发言对自己的境遇改变或许能起到驳斥的作用,有了属于自己的支持力量,那么主动出击、驱赶八卦流言的时机也就来了。

甄嬛的韬晦策略：

甄嬛拜见皇后时,皇后心腹剪秋蓄意挑拨甄嬛:她的得宠令华妃不自在,暗示她皇后与华妃势不两立的立场,甄嬛内心明了剪秋意图却只做不闻;

侍女流朱谈论中秋家宴皇帝眷顾甄嬛,令华妃气极的情形,甄嬛训责流朱,告诉她即使在自己的宫里言语也要谨慎,免得落入旁人口舌;

在听闻下人告知的史美人砍掉宫中花卉的缘故后,虽觉奇特,但并不与下人在背后非议史美人;

汝南王野心膨胀,皇帝玄凌欲除之而后快,甄嬛献计先安抚汝南王一党之心,复华妃之位消除汝南王戒心,此举遭好友眉庄误解冷落,但甄嬛为计策稳妥而甘愿忍受最亲近的姐妹误会亦不说明真相,后顺利铲除华妃一党,两姐妹冰释前嫌;

宫嫔秦芳仪拜高踩低,在甄嬛失子失宠时极尽奚落之本能,挑拨陆昭仪逞威甄嬛,结果落得疯魔的下场;

陆昭仪在甄嬛小产后经秦芳仪挑拨出言羞辱甄嬛,后甄嬛复宠,陆昭仪自请退位,降为从四品顺仪;

祥贵人等新入宫四人因华妃的缘故虽被皇帝玄凌召幸却无晋封,祥贵人因此恼怒,在玄凌面前诋毁华妃,落得对华妃余情未了的玄凌冷落相待;

曹婕妤在华妃失宠后经甄嬛向皇上进言严惩华妃,杀之平后宫之愤,惹得玄凌翻脸。

低位妃嫔穆贵人、严才人、仰顺仪背后诋毁甄嬛怀孕之事,无意被甄嬛听了壁角,结果被甄嬛严惩。

冷板凳,热屁股

俗话说,冷粥冷饭冷小菜,冷言冷语冷板凳。

何谓职场冷板凳?概括起来就是职场中受到的冷遇和忽视,常与职场冷暴力互为姊妹花。应该说,坐冷板凳是职场人士一生最为无奈的事情。

最为典型的冷板凳主要有:新到单位,你处于端茶倒水抹桌子的打杂状态,领导和同事都漠视你的存在,当你是透明人;虽然身处不错的职位,但是因为与领导意见不合或者得罪领导,很少给你安排实质性的工作,或者干脆架空你的权利,让你有名无实,对你不搭不理;犯了错误降了职,新领导不便于给你安排工作隔离你,同事对你敬而远之,心存怜悯。

无论是哪种情况,对于坐在冷板凳上的人,都是一种煎熬。毕竟常态下,人们期望的是引以自豪的公众注目,呼风唤雨的叱咤风云,一呼百应的前呼后拥。谁也不希望在自己酷爱的职场上看人脸色,坐冷板凳。

在职场中,一个人的出场机会总是有限的。舞台中央的人,可能随时不小心就要去坐冷板凳。几乎每个职业人都有"冷板凳时间",但冷板凳并非等同于冷宫,冷板凳也能坐热,关键在于冷板凳上的人如何去表演。

2008年底,李欣在猎头的帮助下跳槽去一家知名企业做销售部副经理,正摩拳擦掌准备大显身手。结果报到后才知道,此次销售部通过猎头公司一共招了四个副经理,每个都是在过去单位独当一面的人物。入职第一天,销售部经理让每人递交一份工作计划,李欣因为与经理的销售目标不合拍又不太认可经理的销售策略,而与另外一个新同事张明一起被经理划归于保守派,坐起了冷板凳。

"挂着副经理的名号,手里却没有任何实权,事事要向领导请示汇报,甚至重要的事情都不让你参与。"李欣很沮丧,将自己的遭遇讲给做猎头的朋友听。没想到那位看惯职场风云的朋友却说她这冷板凳坐得好。"一来你可以藏拙,二来你有足够的时间

了解企业文化及公司人际关系,冷静观察,从容准备。冷板凳不可怕,可怕的是在没有做好充足准备的情况下仓促出场。"

李欣觉得朋友的话很有道理,便安心开始了自己的"冷板凳"生涯:收起锋芒,做好每件小事。

因为境遇相似,张明在公司也是备受冷落。但与李欣的积极应对不同,他整天除了不停地抱怨遇人不淑,就是对经理下达的任务做各种无效的抵抗,时间一长,反倒弄得自己跟上下级的关系都很紧张。张明曾多次想拉拢李欣到总经理那里去告经理的状,都被李欣以各种理由推脱了,李欣发现他的心态很成问题,意识到一旦与不识时务的人建立攻守联盟,自然注定会死得很惨。

所以李欣渐渐疏远了张明,主动与他划清了界限。

一年后,因为业绩没有达到预期高估的目标值,经理被解聘了,这时候的李欣对于公司上上下下已经摸了个门儿清,制定的销售策略和销售方案也符合市场实际,所以顺理成章地接替了经理的位置。而张明面对这样的结果依然觉得整个世界都亏欠了自己,是怀才不遇,没有遇到伯乐。面对张明这样的心态,做了经理后的李欣选择继续让他坐冷板凳。

张明因为坐上冷板凳就此沉沦,李欣却借此走向成功。

所以,如果将职场红人比作舞台上的主角,坐冷板凳的人更像是藏身后台可有可无的小配角,但是只要有足够的耐心与能力,一旦时机成熟打扮停当就会成为炙手可热的主角。正如巴顿将军所说:"成功的考验并不是你在山顶时会做什么,而是你在谷底时能向上跳多高。"

处于谷底,坐上冷板凳,很多时候意味着机会,至少能让你藏拙,使你避过组织控制的最大风险,能让你避免在还没有做好充足准备的情况下匆忙出场而把戏演砸。

有些人坐上冷板凳后,不是去静下心来思考其中的原因,而是像张明那样整日地抱怨,长此下去吃亏的还是自己。所以面对职场冷板凳最重要的还是需要调整好自己的心态,不妨将冷板凳理解成"冷一冷,扳一扳,等一等",把它当做一个检讨悔过、培养耐力、激发智慧、积蓄力量的机会。

在你得不到重用的时候,你可以利用这一时机广泛收集各种信息,吸收各种知识,以此增强自己的实力。一旦领导意识到你的努力,时来运转,你便可以跳出谷底。

同时,要学会以一种谦卑的态度广结良缘,要学会忍耐冷眼旁观者的指点，成大事者往往能忍受一时的闲气，毕竟黑暗是暂时的，冷板凳坐热后也许就是你职业生涯重大转折的开始。

甄嬛的韬晦策略：

　　甄嬛身处云谲波诡的后宫争宠之中，刚进宫便懂得安慰自己"皇上的宠爱是要与后宫分享的"，不嫉妒、不怨恨，心态平和；

　　甄嬛装病避宠时，遭内监周宁海欺负、下人背叛、丽贵嫔辱骂，眼见眉庄获宠、新人获封，虽感宫中之人趋炎附势，却"乐得自在"；

　　甄嬛与皇后联手除掉华妃后，自己却被皇后设计误穿先皇后旧衣，惹怒玄凌被禁足宫中，境遇百般艰难，却仍清醒自谋，不自暴自弃；

　　最后被贬出宫，蜗居甘露寺时，甄嬛受尽静白等尼姑欺负嘲讽，后被诬陷偷盗寺里燕窝，被赶出寺庙，仍克己忍耐；

　　端妃被华妃强灌红花，虽恨幕后黑手皇后害死先皇后，华妃飞扬跋扈害自己无法生育，但为保性命，唯有常年抱病避世，懂得忍耐，后终于联合敬妃、甄嬛等适时而动报仇雪恨；

　　敬妃也被皇后暗算，被命令与华妃同居一宫，受欢宜香的影响失去生育能力，虽恨皇后与华妃的狠毒，但也是万般容忍，温婉相待，才能以无子之身站到妃子高位。

　　皇帝玄凌，在朝政艰难、战事连连时亦忍辱负重，优待嚣张跋扈的汝南王及慕容一族，终保得朝纲。

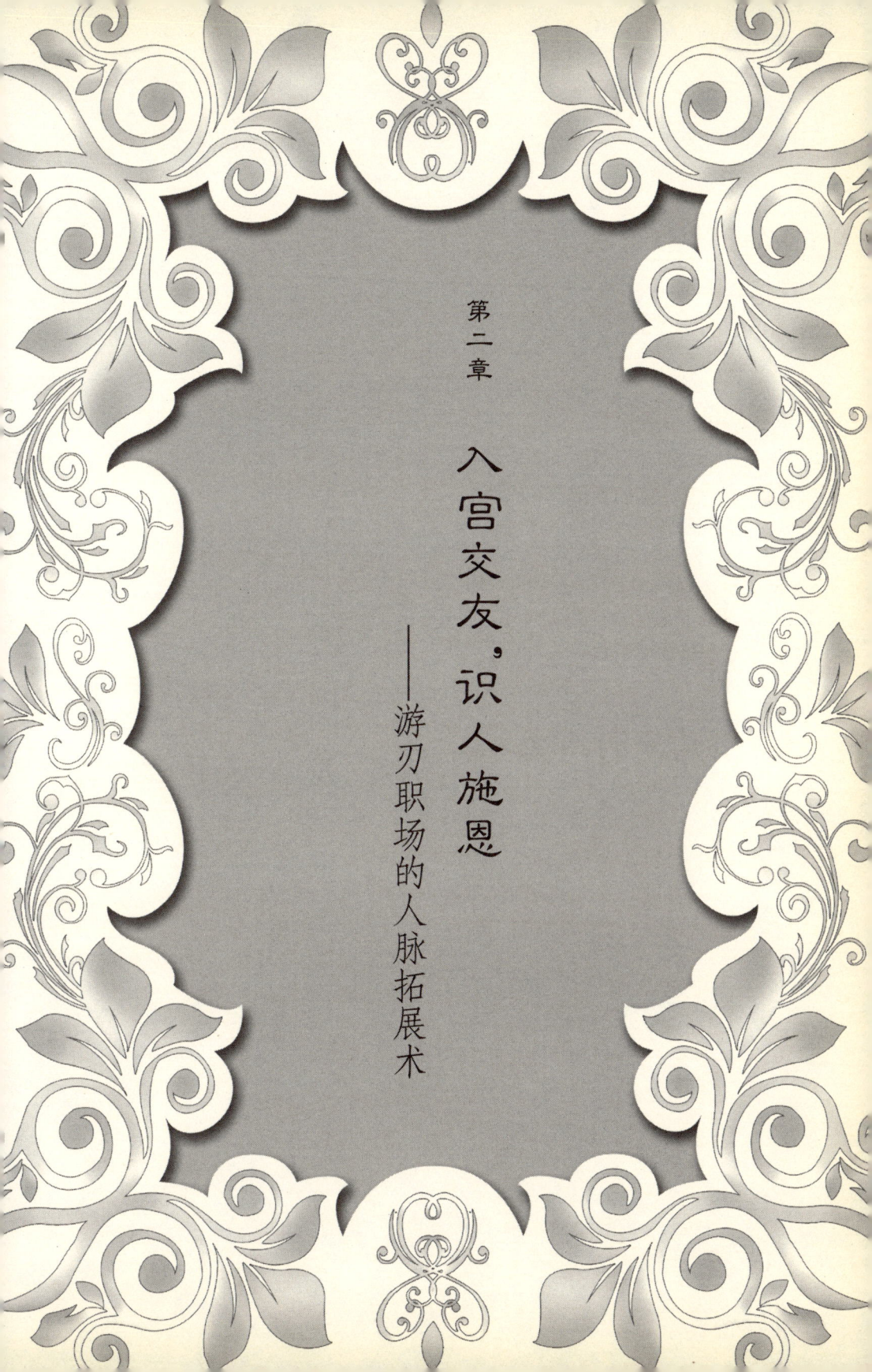

第二章

入宫交友,识人施恩

——游刃职场的人脉拓展术

内修功夫，外营人脉

近年，"人脉就是财脉"这句话以超音速的速度在商场中迅速传开。关于人脉有句话说得好：一个人能否成功，不在于你知道什么，而在于你认识谁。另外有一项调查报告曾显示，一个人赚到的钱，12.5%来自于知识，87.5%来自于人脉，可见人脉在现代社会的重要作用。

众所周知，中国做生意最厉害的两个地方——温州和潮汕地区。不管是温州人还是潮汕人，他们经商有一个最大的特色就是相互帮助，相互抱团，团队意识非常强。一个温州人在某处开辟了一片市场，他不会当作自己的资源独自占有，沾沾自喜，而是会马上叫上一群温州人，来共同把这块市场蛋糕做大。正因为他们这种抱团的合作方式，所以我们经常听到"温州炒房团"、"温州炒煤团"等词汇。也正是这种抱团合作，让他们在全球金融危机、经济低迷的时候，还能突围出击，成为中国民企的榜样。

同样，潮汕人也是如此。在外地都会有一些潮汕人的商会，他们会经常组织一些商业合作会议。

良好的人脉关系对职业生涯发展也同样有着重要的影响。如果说职场人士第一年靠技能和专业知识生存，第二年靠技能、专业知识加人脉立足，那么第三年就完全靠人脉关系谋得发展了。

谈到人脉，常听到那些在职场时日尚短的人忧心地说："我人微言轻，又无经验，人脉不就是互相帮忙吗，我帮不上别人的忙，人家凭什么要来和我打交道呢？"其实，这种想法是大错特错的。每个人都有属于自己的圈子，同乡、同学、同事、爱好圈子、商业圈子等等，只要建立起彼此之间的互动性、持续性、定期保持联系，分享彼此拥有的东西，就能达到人脉的积累。比如可以分享知识，用你的专业知识来帮一些人的忙，达到双方的互补；分享资源，包括物质和朋友关系方面的，拓展双方的人脉网络；分享爱心，如果实在帮不上忙，但表达出你真诚的关心，别人也会铭记在心。

人脉资源的积累是伴随着你的成长一起晋级的。对于那些善于经营人脉资源的人来说，不管是职场新生代，还是职场老油条，不同的职场阶段都会有不同的"独门秘籍"。

小丁就是一个特别会经营人脉关系的人，午饭时间跟同事闲聊时，听说办公室的李姐想给老公的公司添点办公用品，她立马想到自己在以前公司做行政时认识的那些供货商可以介绍给李姐，赶紧就从抽屉里抱出一大堆名片，详细而周到地告诉李姐："如果急用的话，可以找供货商老张，他送货上门；如果希望价钱最低，你就自己跑去南京路107号摊位找小陈……"李姐看到小丁这么热心，直夸道："小丫头，别看年纪小，办事很细心呀！"这件事后，李姐一直把小丁当妹妹看，有什么需要购买的也总是问问小丁有没有认识的熟人，小丁偶尔的一两次迟到，负责考勤的李姐也总是睁一只眼闭一只眼。

所以也许你所做的工作琐碎，结识的人会是送水、送复印纸的供货商，但只要你是个有心人，他们一样都可以转化成自己的资源，以备不时之需。而且这种"小人脉"，多半不必费心维护，只需花心思建立清晰的数据库便可。有首歌唱道：千里难寻是朋友，朋友多了路好走。这个道理已经被无数的经验和教训所验证。人们现在说的"有了关系，就没关系；没有关系，就有关系了"，其实说的也是这个道理。

放眼全球，成功的人毕竟是少数，他们是我们人类中的精英。观察其成功的背后，人脉资源则是他们成功的暗码。很多时候你面临的生活问题、工作问题，单单依靠个人的力量很难解决，但是朋友多了会帮助你出主意、出人力、出物力、出财力，和你一起解决问题，那样你前方的路就变得宽广了很多。在需要群策群力的事业中，如果人心所向，那么事业的成功不过是水到渠成的事，即便是在险境之中，也会出现"人心齐，泰山移"的奇迹。人脉是一种看不见的资产，在无形当中帮你获得相对全面和真实的职场信息，因为你个人获取职场信息的能力是有限的。身在职场，我们都有这样的体会：当工作一切正常时，很少会去关注自己所在行业、所在岗位的职场动态，即使有这样的精力，自己所得到的信息也很难是最全面、最真实的。这里所指的全面和真实指从公司到部门，到具体岗位的所有信息，包括文化、架构、职责、个人上升空间、薪酬福利等。一个良好的人脉网络能帮助你在工作面临危机的情况下及时突围，从而有一个好的工作关系。

所以，工作再忙，也要记得拓展和经营自己的人脉资源，平时，多和同学保持联系，再适当地参加和组织一些同学聚会，同学中只要有商业合作的机会自然会优先考虑这些联系频繁的人。除此之外，还需要经常参加一些职业培训，这时候结识的同学会更有针对性，彼此交流和合作起来也会更为顺畅。如参加一些职业研修班，就能认识一些行业内的高端人脉。跟同事之间，在工作之余多组织一些娱乐类的聚会，可以定期地聚聚餐，一起去户外或者KTV玩一玩，有利于促进感情，工作中协作起来也会更为顺畅。另外,对待已经离职的同事,也要经营和维护好同他们之间的关系。因为很多同事在离职后会依然活跃在这个行业中,而且很多走向了更好的事业平台,适当的给予问候,会让对方倍加感动。如果有一些好的职业机会,他也会第一时间想到你。

在工作之余,还可以根据自己的兴趣爱好参加一些对应的社交圈子,例如户外运动类的,多结识一些驴友,对于拓展人脉关系都大有裨益。

职场上的事情瞬息万变,谁都说不好明天会是什么样。我们没有能力去主宰和控制一个变化,但是我们要有跟着变化而变化的心理准备和能力,平常搭建的这些人脉和网络会是我们在职场遇到危机时帮我们尽快突围的最有效的途径。

章子怡再成功,也需要有经纪人替她打理;姚明成为小巨人,更离不开他背后的"姚之队"。因此,此刻的你,无论是处在顺风顺水、意气风发的阶段,还是迷茫、彷徨的十字路口,好的职场人脉永远是我们驰骋职场最有力的保障。织就一张自己的人脉网将保证我们在顺利的时候更进一步,危机的时刻也都不会掉下去。

甄嬛的韬晦策略:

选秀时,甄嬛虽无心入选,但却替有入选机会的安陵容解围,目的便是想为好姐妹眉庄找一个入宫后可以相互照料之人;

入宫前夕,善待宫中的教习姑姑芳若,对其谦卑有礼,有意结交,后在宫中眉庄被禁足时便是芳若协助甄嬛入殿探望;

敬妃温婉机智,与甄嬛默契投缘,甄嬛设计助敬妃上位,后还在自己被贬出宫时将幼女胧月送与无子的敬妃抚养作为其依靠,让敬妃感激涕零,所以在甄嬛危机时敬妃亦多次挺身相助,与甄嬛同仇敌忾;

端妃体弱避世,甄嬛便托太医温实初悉心照料,才能保得端妃的性命,而端妃亦成为甄嬛立足宫中的最大贵人之一;

李长是皇帝玄凌身边的贴身太监总管,甄嬛在盛宠时从不忘打点拉拢他,给他诸多好处,所以在失子失宠后想设计复宠时,亏得李长安排,才能一举成功;

甄嬛在宫外与六王爷玄清相爱,怀孕后为保孩子性命和为家人报仇,便设计回宫,也是亏得李长引领,才能与皇帝"无意"相逢;

帮助庆嫔周佩打倒对手琪贵嫔,扶植周佩成为一宫主位,又帮她请旨进封,周佩利用父亲关系协助甄嬛使对手安陵容父亲获罪。

为人情开个户

在生活中，你必须在银行里储蓄足够的金额，如果毫无储蓄，到需要用钱时也就必然无钱可用，只有欠债了。但欠债总是要还的，到最后必然落得债务重重，被压得喘不过气来。

在职场中同样如此。求人帮忙是被动的，可如果别人欠了你的人情，求别人办事自然会很容易，有时甚至不用自己开口，事情就办得很圆满。港剧《我的野蛮婆婆2》中，汪明荃扮演的时尚杂志《Elva》总编辑O姐戈碧，就是一个善于建立自己人情账户的人，阿敏和太子爷Mark想尽办法都无法取得获奖设计师的专访，O姐一个电话就能搞定；编辑使出浑身解数搞不定的模特，O姐也是随手一个电话，模特就亲自上门来拍摄封面广告；O姐离职后筹办另一份长者杂志时，原来的属下竟在下班后义助O姐，废寝忘食。O姐做人做得如此风光，号召力这么大，大多与她平时善于结交人情、乐善好施有关。

职场中人情是一门必修课，不懂人情世故则不可能在职场中逢缘，所以每个人心中都应该有一个属于自己的情感银行，都应该为自己设立一个人情账户，并定期的丰富这个账户的储蓄金额。

而能够充实这个账户的路径则是你对他人的真诚、热情、关心、支持和帮助，与对方建立互助互利彼此信任的关系。这样当你遇到困难，需要大家帮助的时候，这种信任和交情将给你最好的回馈。

大家都知道前微软中国区总裁唐骏，他加入微软时是从工程师做起，逐渐做到部门高级经理。他在美国总部工作时非常努力，也取得了很多令人瞩目的成绩。但微软是一个有数万名员工、人才济济的企业，做出成绩的人比比皆是，其中中国人也不少，那么唐骏是怎样在其中脱颖而出的呢？

微软总部的大部分员工都是美国当地人，家庭观念很重，但工作观念却非常简单：工作就是一种赚钱的方式，同事之间一般仅限于工作关系，除此之外几乎就没有任何来往了，更谈不上交朋友，人际关系很淡薄。然而唐骏却和他们不一样，他把所有曾经在工作上给予自己帮助的人都记在了心里,每到逢年过节就发电子邮件向他们表示感谢和祝福。一个简单的行为给不少同事留下了深刻的印象。Laura 就是其中的一个。

Laura 是微软的一位总监,曾经从人力方面帮助过唐峻的部门,这之后每隔一段时间她就会收到唐峻的问候邮件,邮件中总是说:"我部门之所以有今天的成就,要感谢你对我们的帮助……"

1997 年的一天,在微软高层的一次重要会议上,关于在中国建立微软技术中心的计划一提出,Laura 就打开桌上的笔记本电脑飞快地通过电子邮件问唐峻:"峻,你对此是否感兴趣?"唐峻也飞快地回复:"我非常感兴趣!"

一接到唐峻的回复,Laura 马上发言:"我向大家推荐一位负责这件事的最佳候选人。我虽然不是他的上司,但与他合作过,我相信他的能力足以担当这个重任。建议公司对他进行一次全面考评。"在经过七轮面试之后,唐峻获得了建立微软中国区技术中心的机会。后来由于工作出色,中国区技术中心先后升格为亚洲技术中心、全球技术中心,而技术中心总经理唐峻也因此成为了微软中国区总裁。

所以,有人情好办事,尤其在藏龙卧虎的大企业中,当彼此能力、经验和业绩都不相上下时,要想迅速脱颖而出,常常靠的也是人情。所以说"人情"并不等于"世故",而是促使才华发光的润滑剂。

俗话说:"在家靠父母,出门靠朋友",多一个朋友多一条路。要想人爱己,己须先爱人。每个人都应该时刻存有乐善好施、成人之美的心思,只有这样才能为自己多储存些人情债券。这就如同一个人为防不测,须养成"储蓄"的习惯一样。储蓄不分多少,人情不分大小。

对于一个穷人来说,他身陷困境,一枚铜板的帮助可能会使他握着这枚铜板忍一下极度的饥饿和困苦,或许还能干番事业,重新闯出自己富有的天下。

对于一个执迷不悟的浪子,一次促膝交心的帮助可能会使他建立起做人的尊严和自信,或许在悬崖前勒马之后他会奔驰于希望的原野,成为一名勇士。

在平时的生活中,对一个正直的举动送去一缕可信的眼神,这一眼神无形中可能就是正义强大的动力。

对一种新颖的见解报以一阵赞同的掌声,这一掌声无意中可能就是对革新思想的巨大支持。

对一个陌生人一次很随意的帮助,可能也会使他突然悟到善良的难得和真情的可贵。说不定当他看到有人有难处时,也会很快从自己曾经被人帮助的回忆中汲取勇气和仁慈,转身再去帮助别人……

人在职场,既需要别人的帮助,又需要帮助别人。求人和被人求,是一笔人情账。尽管是人情账,无法精确的计算,但我们也应该多开几个账户,存储更多的人情。我们要永远记住一个物理的反应:一种行为必然引起相对的反应行为。只要你有心,只要你处处留意给人情意,你将会获得天大的情意。在储蓄中不断积累,这样在任何时候都能使用自己曾经积累的财富。

甄嬛的韬晦策略:

在安陵容选秀遭受欺辱时甄嬛挺身而出帮她解围,帮她选秀加分,后一同入选后又念及安陵容家境贫寒怕其被人瞧不起,故接安陵容到自己家中同起居,希望入宫后能与安陵容、好姐妹眉庄一起相互照应;

入宫后,帮安陵容引起皇上的注意,帮她拢聚恩宠,帮她放宽心思,安陵容父亲贪污犯罪,甄嬛又多次出面祈求皇上玄凌从轻发落;

喜爱新进宫嫔淳儿,知晓淳儿喜爱漂亮糕点,所以每每做得糕点便留给淳儿,淳儿单纯活泼,也每每直言为甄嬛解围;

甄嬛打压琪嫔,提携下面的宫嫔周佩为一宫之主,后甄嬛因罪被贬出宫,甄府全家被流徙,周佩便委托自己父亲暗中照顾甄嬛落难的家人;

甄嬛回宫后,借钦天监司仪季维生之口解除皇后设计的"危燕冲月"的谣言,赏识季惟生的胆识,提携他为钦天监正,后季惟生投桃报李,协助甄嬛以观星象的方式陷害胡蕴蓉,帮助甄嬛扳倒后位的最大竞争对手胡蕴蓉。

放债收租,人情也有包租婆

电视剧中,我们常常看到一些这样的桥段,某个亿万富翁因为被人追杀导致失忆而流落到乡下,受到一户人家悉心的照顾,后来这个富翁被家里人找到,恢复记忆,于是给了乡下这户人家丰厚的回报。现实生活中,也常流传着这样一些知恩图报的佳话。例如在政治运动期间,一个大人物落魄民间,受到善良百姓的无私关照。日后大人物东山再起,则小人物也便跟着鸡犬升天了,人们如同羡慕中头等奖的人似的对这些传奇津津乐道。

人们之所以对类似的事情这么感兴趣,是因为大家都知道,一个人在艰难起步、最需要扶助的时候,或者在没落失势、遭到众人漠视的状态时接受他人的恩惠,往往会产生感恩的心理,这种心理促使他们感恩图报,在自己取得成就和东山再起时会去帮助有恩于自己的人。

"有恩"一词在人际关系学上,就是感情投资,感情投资是收益最大的投资项目。因为哪怕只是点滴的帮助、单纯的友谊,投资人都可能会赢得对方最真心的回报,获得一份最可靠的人情——感情投资,就是购买人情原始股。

李颖是一家大型窗帘布艺公司的老总,她是一个有出色的经营手段和良好人缘的人。她不仅对客户公司的重要人物进行感情投资,还对布艺供货公司的年轻职员同样殷勤款待。但是李颖的殷勤并非无的放矢,每次需要去供货公司拿货时,她总是想方设法地找到供货部门每一个员工的资料,对他们的学历、人际关系、工作能力和业绩做一次全面的调查和了解。当认为有些员工未来可能在供货公司大有作为,以后会成为供货部门的决策人物时,李颖都会热情结交,发展成朋友关系。她这样做的目的,是为日后拿货时方便,能比其他布艺公司优先拿到稀缺的货源。她很明白,十个欠他人情债的人,有九个会给他带来意想不到的收益。她现在是在投资人情原始股。

当自己所看中的某位年轻员工晋升时,李颖会在第一时间打去恭喜的电话,并请他吃饭庆祝,还附赠一些礼物。年轻的供货公司员工往往对她的这种盛情款待倍加感动,心想:我以前从未给过这位老板任何好处,并且现在也没有掌握重大交易决策权,这位老板真是平易近人的大好人,对我一个小职员这么好,以后有什么需要的地方,我一定尽力帮忙。这样,在无形之中,这些年轻的员工自然就产生了这种感恩图报的想法。

就在这些员工对李颖的这种款待受宠若惊的时候,李颖总会很真诚地说:"我的公司能有今日的成绩,完全是靠你们公司的抬举和大家的帮助。因此,我向你这位优秀的员工表示谢意,这也是应该的。"这样的说法能让员工感觉轻松自然,不会有太大的心理负担。

当不久的将来,这些职员真的晋升到供货部门或者公司的重要职位时,他们肯定还记着李颖的恩惠。事实证明也是如此。在竞争十分激烈的生意场上,窗帘布艺公司越来越多,很多公司都因为经营不善而亏损,但李颖总是能以相对低廉的价格拿到其他布艺公司拿不到的稀缺货品,李颖公司产品花样多,样式新颖,价格又相对低廉,所以一直生意兴隆,这其中最重要的原因就得益于她平常注重感情投资,知道"人情原始股"终究会升值成重要的财富资源。

人类都难逃一个"情"字。在人际交往中,"感情投资"可以说是一个人成功的重要支点。我们可以在人情世故上再多一份关心,多一份相助,而有投资就会有收获。无论从现实的角度,或从感情价值角度去看,朋友之间的友谊都值得进行大笔的投资。

但是大家一般都习惯于向优秀出色者的身边靠拢,希望与事业有成的人缔结关系,认为对他们的情感投资可以巧妙地利用对方的气势和权威来帮助自己,这是理所当然的一种心理。然而在这种情况下交朋友,通常无法培育出可靠的人际关系。因为万事顺利、春风得意的人,人人都想与其结识,都想与其交上朋友,一方面他也顾不过来,另一方面他也无法与巴结他的人成为真正的朋友。

反之,如果与那些有能力但是暂时不得势的人交往,并成为好朋友,那就完全不同了,就好比例子中的李颖,对有能力有前途的年轻职员进行情感投资好比是买股票,购入了最有价值的原始股,其后劲当然十足了。

同样,《我的野蛮婆婆2》中,O姐在某时装设计师刚入行的时候帮助了他,结果在这位时装设计师后来获得国际大奖,各大时装杂志削尖脑袋想找他约稿而不得的时候,O姐却能轻松拿到他的独家专访权,让《Elva》大卖。这也完全得益于O姐购买了一只人情原始股,所以才能得到丰厚的回报。

民间一直流传一句话:"宁可欺老,不能欺小"也是这样一个道理,年纪小的人跟原始股票一样,在以后的成长中也有无数的可能。所以,有的时候,对能力没有彰显或暂时失势的人说一句暖心的话,将一个将倒的人轻轻扶一把,在让他得到宽慰和支持的时候,也能给自己多留一条后路。

　　古人云:"投之以桃,报之以李"也就是这个道理。只要我们试着去帮助那些有价值的朋友,就像买股票一样,买了最有价值的原始股总会获得丰厚的回报。所以,当我们的朋友中出现一些怀才不遇、暂时不得势的人,我们不要疏远和冷落他,应伸出热情之手,给予他们最大的帮助和关心。一旦日后他否极泰来、时运亨通,第一个记起来的就会是帮助过他的人,他第一个要还人情的当然也是这些人。情感投资像做生意,必须舍得花血本,如果总是把本钱藏得严严密密,不仅不会增值,反而会日渐减退。因此我们要懂得"事先投资"与"事后回报"的必然性。

甄嬛的韬晦策略:

在时疫爆发时,揭穿江太医的骗术,帮助太医温实初坐上太医院首领职位,温实初更方便暗中帮助甄嬛立足宫中;

甄嬛设计除掉华妃亲信内务府总管黄规全后,由姜忠敏继任,一手打点着内务府上下,他明白自己的提拔是甄嬛的缘故,所以对甄嬛的棠梨宫上下殷勤小心,恨不得掏心窝子来报答甄嬛对他的提拔;

端妃抱病避世,甄嬛托付温实初尽心给端妃医治病体,保得端妃性命,后又设计将温仪帝姬送给无子依靠的端妃抚养,送端妃最大人情,端妃亦多次协助甄嬛打垮华妃、扳倒皇后;

莫言在甘露寺为她鸣不平,帮助她,所以甄嬛回宫时答应莫言托付将其女儿带入宫中跟随自己;

回宫后,皇后以"危燕冲月"一事使徐燕宜(贞妃)禁足,想让多思的徐燕宜伤身失子,甄嬛悉心开解,力保徐燕宜生下孩子,并找钦天监为徐燕宜解除禁足,想方设法力保贞妃顺利产下孩子,所以在心腹槿汐获罪后,少言寡语的徐燕宜甘愿出面劝解皇上,起到振聋发聩的效果,释放了槿汐,为甄嬛解围。

从芳若那儿得知太后怜悯徐燕宜,所以借机为徐燕宜求情解除禁足,果然得到太后称赞贤惠。

宫人皆冷落生母微寒的九王爷玄汾,甄嬛却尽力照拂,九王爷感激,所以在祺嫔等人诬陷甄嬛与温实初私通时,玄汾力证甄嬛清白。

巧妙拓展人脉

在职场中，同级间的交往是最频繁的。在"同事文化"盛行的今天，身处职场的人不可避免的每天要与同事频繁地打交道，并且与之形成微妙的人际关系。谁也没有办法回避这个问题，也没有办法脱离这个群体，只有经营好双方之间的关系，巧妙地拉近与同事之间的距离，才会在工作中游刃有余。所以在与同事相处的时候，既不能凭着自己的喜好，心血来潮，为所欲为，也不必为了避免事端用事不关己、高高挂起的心态去消极地逃避，只有积极主动地去了解同事，拉近彼此之间的关系，才能在日后的工作中友好相处。

首先，微笑是人际交往中最简单、最积极、最容易被人接受的一种方式。微笑代表着友善、亲切和关怀，是热情友好的表示，所以我们在和他人交往时首先要时刻微笑来拉近彼此之间的距离。在沉闷的办公室里，谁都不愿意看见一个整天心事重重、板着脸不苟言笑的同事，这样的人会让沉重的气氛更加压抑，也容易让大家与她保持距离，对她敬而远之。

笑是人类的特权，微笑代表着自信的力量，同时也是礼貌的象征。在与别人的第一次交往中，双方往往都存有戒心，彼此感觉不安，微笑则是化解这种局面的催化剂。始终保持微笑的态度，对方会依据你的微笑来获取对你的第一印象，从而决定对你要办的事的态度。所以同事之间的微笑会让很多事情变得好办，而工作上的沟通也因此会进一步加深。

在与同事的相处中，如果说微笑是最好的名片，那么以下几点则是拉近与他人关系的最佳方法。

巧妙寒暄　问候和寒暄虽然是一些单调而且简单的话语，但是却不可忽视。因为它是交谈的催化剂，能够在同事之间架起一座桥梁，满足彼此之间的亲和心理。例如办公室某位女同事刚休完产假回来，如果你能在第一时间问候一下她的身体状况和孩子的情况，一定会让这位女同事倍感亲切，很快能与她打成一片。寒暄在人际交往中的作用是十分重要的，但并不是任何寒暄都能起到这种作用。不恰当的寒暄很可能会弄巧成拙，而寒暄的恰当与不恰当的关键在于话题的选择。什么样的话题是恰当的寒暄话题呢？那些凡是能引起对方兴致的话题都适于作寒暄的话题。

有人总结说如果想要跟一个18岁的女孩拉近关系，就要和她谈论时下什么最流行；如果想与一个20岁以上的男同事拉近关系，就要和他探讨恋爱的技巧；如果想要跟20岁左右的女同事拉近关系，就要和她讨论哪部电影最经典，哪里的小吃最著名；如果是24岁以上的女同事，那么就谈论化妆品和化妆技巧；如果对方初为人妇，就和她讨论厨艺，她丈夫的事业；如果对方初为人母，那么就和她讨论育婴经验、奶粉调制等；和中年阿姨级的同事，最好谈论对方孩子的未来等等。所以，合适的话题，巧妙的寒暄方式都能引起对方的兴致，拉近与同事之间的距离。

做事情要主动　社会是人的社会，人的所有活动、交往、成就，都要在人与人的接触中产生。而与同事的交往中，能主动出击营造自己的人脉网，也就意味着你成功了一半。

张丽是新进入公司的一名工程师，她每天除了花两个小时看资料外，把剩余时间都花在向同事们介绍自己并询问与他们项目有关的一些问题上了。当同事有问题或忙不过来的时候，她就主动帮忙。当所有办公室的PC机都要安装一种新的软件工具时，每个工作者都希望跳过这种耗时的、琐碎的安装过程。由于张丽懂得如何安装，她便自愿为所有机器安装这个工具，这使得她不得不每天早出晚归，以免影响其他人工作。慢慢的，很多同事都愿意和张丽交流，而且很多工作上的事情也会向张丽进行讲解，这使得张丽很快就融入到工作中，不仅在实践中提高了自己的技术能力，还拓展了自己的人脉。

身在职场的人在与同事的聚会中经常会看到这种局面：在宴会上，几个好朋友聚在一起欢天喜地地玩玩闹闹，而旁边会有人只是一声不吭地吃着东西，没有加入到那些人的行列中，这样的人没有主动地与别人交流，而放弃了自己与同事拉近关系、扩大交际圈的好机会，在办公室里也一定是被孤立的对象。

"别人愿意接近我，我也愿意和他交谈"，"同事不理我，我也不和他说话"，如果让自己陷入这种被动姿态下的人际关系，那么只能在不和谐中将自己隔离。

从对方的外貌谈起　每个人都对自己的相貌或多或少地感兴趣，恰当地从外貌谈起就是一种很不错的交际方式。吴丝是一个特别善于交际的女孩，她在认识一个不喜言谈的新朋友时，很巧妙地把话题引向这个新朋友的相貌上。"你太像我的一个表兄了，刚才差点把你当作他，你们俩都高个头，白净脸，有一种沉稳之气……穿的衣服也太像了，深蓝色的西服……

我真有点分不出你们俩了。""真的？"这个不善言谈的新朋友眼里马上闪着惊喜的光芒。很快，他们的话匣子都打开了。吴丝与这个朋友谈话的灵活性很让人佩服，她把对方和自己表兄并提，无形中就缩短了两人之间的距离，接着在叙说两人相貌时，又巧妙地给对方以很大的赞扬，因而使这个不善言谈的新朋友也动了心，愿意与其倾心交谈。

　　剖析对方的名字来引起对方的兴趣　　名字不仅是一种代号，在很大程度上更是一个人的象征。与人交往初次见面时能说出对方的名字尤其重要，若再对对方的名字进行恰当的剖析，就会更上一层楼。譬如一个叫"建领"的朋友，你可以谐音地称道："高屋建瓴，顺江而下，可攻无不克，战无不胜，可谓意味深远呀！"对一位叫"细生"的朋友，可开玩笑地说"随风潜入夜，润物细无声哦"。或者用一种算命者的口吻剖析其姓名，引出大富大贵、前途无量之类的话，这也未尝不可。总之，适当地围绕对方的姓名来称道对方不失为一种拉近与对方关系的好方法。

　　同事之间更亲近了，人际网络更广阔了，很多事情也随之变得轻松好办了，职场的地位也就更稳固了。

甄嬛的人脉拓展策略：

　　甄嬛为让太医温实初协助自己，借两人从小的情分和温实初的爱意来拉近与他的关系，让温实初死心塌地地帮助自己；

　　浣碧暗恋六王爷玄清，对甄嬛怀有玄清之子抱有心结，甄嬛以"小外甥"、"余生只有我们姐妹相依为命，我的孩子就是你的孩子，共同抚养"，允诺自己能给的都给她，来使浣碧打开心结；

　　为策反曹婕妤打倒劲敌华妃，甄嬛软硬兼施，惩戒秦芳仪、警示曹婕妤跟随华妃影响女儿前程后又巧妙地表示曹婕妤从前是迫于立场才与自己为敌，情有可原，表示自己早有欣赏倾慕之意，巧妙的拉近与曹婕妤的关系，为扳倒华妃增添了十足的把握；

　　回宫后身居高位礼待众人不待见的叶澜依，甄嬛送她上好衣料；

　　甄嬛被老谋深算的皇后暗算后，不得不步步为营，费尽心机扳倒皇后，甄嬛巧妙拉近与胡蕴蓉的关系，示意自己不会参与后位之争，所以胡蕴蓉最终选择了暂时与甄嬛结盟。

人脉纵贯线：别脱离群众

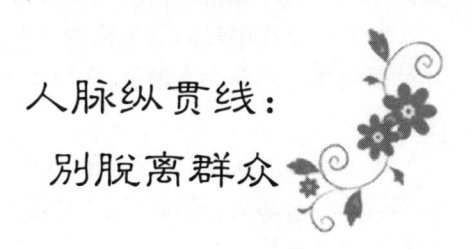

职场中有这么一种人，就是每当自己工作有成绩受到上司表扬或者提升时，在上司还没有宣布的情况下，就在办公室中飘飘然去四下招摇，或者故作神秘地对关系密切的同事细诉，而且还预先就拿捏起领导的范儿对同事工作进行指导。这样的人得意时过分张扬，往往容易招同事嫉妒，惹来一些不必要的麻烦。

谦虚谨慎，戒骄戒躁，不仅是初入社会的年轻人应该具有的心态，也是混迹职场得到晋升的老员工应该具有的态度。只有重视身边的一切，才能为以后的发展打下良好的基础。

港剧《宫心计》里郭太后高高在上，平时极爱面子，喜欢支配他人，因为多年前身边的女婢受宠当上妃子，令她怀恨在心，所以不时挑起事端，一有机会就对郑太妃出言嘲讽，歧视郑太妃及其子光王；对于尚宫局的人，也是毫不体恤，动辄惩戒。而郑太妃为人和善，谨小慎微，即使光王称帝后自己贵为太后，仍然宽待下人，处处为尚宫局着想，重视曾经对自己有恩的阮司设和刘三好，所以郑太后更得人心。

同样，姚金铃被封为丽妃后，性情渐变，凡威胁到自己地位的人，一一铲除。对于尚宫局的人也是极力整治，"你的手巧我就要你的手，你的嘴能说会道我就缝你的嘴"。但是刘三好不管是升为司珍还是成为皇妃，都秉承最大的善意善待下人，所以当她被姚金玲陷害时，尚宫局的人都拼力相助，力图为她洗脱罪名。

郭太后的惨死和姚金玲的疯魔虽然都是电视剧里的桥段，但是却折射出职场可以借鉴的道理，就是身在其位，地位越高，越不能轻视他人，只有给人更多的帮助和鼓励，他人才会回报你更多的支持和尊重。

每个人都希望得到欣赏与鼓励，特别是得到上级和同事的肯定与重视，而不是被他人看不起或是被轻视；领导和同事的欣赏往往是一个人工作的最大动力之一。所以，善于欣赏他人，就是给予他人的最大善意，也是最成熟的人格。如果得到的欣赏太稀缺，天才也会枯萎。

在人际交往中我们乐于称赞他人，善于夸奖他人的长处，那么人与人相处的愉快度就会大大增加，人缘也会跟着好起来，在职场中更能游刃有余。

不论你资历深浅、学位高低，你可以最大限度地展现你的才能和个性，但不管能力有多大，任何一项工作都离不开同事的帮助与合作，离不开上司与下属的支持。

有一个关于蚂蚁和大鸟的故事大家耳熟能详，是讲一只小蚂蚁在河边喝水时不小心掉进了水里，任凭它怎么拼命游也游不到岸边。可怜的小蚂蚁近乎绝望的挣扎在水里，打着旋转，眼看着就要被水冲走了。这时，正在河边觅食的一只大鸟发现了这个紧急情况，它并没有高高在上地看笑话，而是顺势衔了根小树枝扔到蚂蚁身边。蚂蚁最终爬上树枝，借助树枝爬回了岸边。

就在小蚂蚁懒洋洋地躺在岸边晒身上的水时，它突然感觉到有轻微的脚步声正向这边走来。原来一个猎人端着枪正在逼近那只大鸟，而大鸟却没有察觉。就在猎人举枪瞄准的时候，小蚂蚁迅速爬上了猎人的脚趾，在猎人抠动扳机的一瞬间，它狠狠地咬了猎人一口，猎人疼得一分神，子弹偏着大鸟飞了出去。枪声吓跑了大鸟，让大鸟躲过了这一劫。

因为大鸟对蚂蚁的帮助和重视，换来了弱小的蚂蚁对大鸟的拯救。正如职场中的我们，在遇到挫折的时候，真正帮我们渡过难关的人，很有可能就是那些站得比我们低、地位比我们弱小的人。所以，在位高的时候，一定要记得善待、关爱、帮助那些比我们弱小的人。

当你已经成长为一名业务骨干的时候，对于新来的同事，一定要好好帮助他们，为他们提供相关的咨询和指导。这些事情对于你来说是轻而易举的，但却能发挥大鸟扔一根树枝给蚂蚁使蚂蚁获救的效果，这些新同事会记住你，尊重你的，会把你作为他们的老师，在工作中，他们会很自然地跟你站在同一个立场上。所以，如果能以较小的代价来换取别人的尊重与爱戴，何乐而不为呢？

如果你管理着一个团队，对于你的下属，你更要关心他们的生活、工作，给他们提供帮助，解决他们棘手的问题，有困难时大家一起上，有荣誉时大家一起分享。只有对待他们如亲人般温暖，才能得到他们尽心尽力的支持，大家一起努力才能将团队工作做得更好。身居高位态度平和，不仅能给自己的人际关系加分，还能形成双赢互惠的局面，对自己的事业成长也是打开了一扇永久性的大门。

甄嬛的人脉拓展策略：

汝南王玄济依仗军功，早朝时不仅迟到而且戎装进殿，耀武扬威，结果遭言官弹劾，还拒不认错，将言官打昏，使得皇帝玄凌下决心铲除汝南王势力；

甄嬛被接回宫，盛宠之下嘱咐下人不可骄矜外露，自知位高人越险，不轻视旁人；

产下龙凤儿女，玄凌欲封甄嬛为贵妃，甄嬛为怕因此与敬妃、端妃生了嫌隙，百般推托，劝解皇上端妃进宫最早、资历最高，敬妃协理过六宫事务，功劳不小，不肯居两人之上，最后由李长进言封为淑妃；

后又力劝皇帝玄凌册封与自己交好的端妃为正一品贵妃，敬妃为正一品德妃。

深度发掘，由"老"及"新"

如果说血脉是人的生理生命支持系统的话，那么人脉则是人的社会生命支持系统。常言说："一个篱笆三个桩，一个好汉三个帮"，"一人成木，二人成林，三人成森林"，都是说，要想做成大事，必定要有做成大事的人脉网络和人脉支持系统。我们的祖先创造了"人"这个字，可以说是世界上最伟大的发明，是对人类最杰出的贡献。一撇一捺两个独立的个体，相互支撑、相互依存、相互帮助，构成了一个大写的"人"，"人"的象形构成完美地诠释了人的生命意义所在。

你是可以通过六个人认识世界上任何一个人，这就是著名的6度空间理论。你和任何一个陌生人之间所间隔的人不会超过六个，也就是说，最多通过六个人你就能够认识任何一个陌生人。所以说不怕找不到"新关系"，就怕没有"老关系"，"老关系"是"新关系"的基础。

用什么方式从"老关系"中发掘"新关系"呢？方式很多，职场女性可以采取适合自己的方式。

中国的饮食之道，也是人情融合之道。一场饭局，既是亲朋故交之间的沟通交流，也是生意对手间的交锋谈判。饭局之妙，不在"饭"而尽在"局"。一个完美的饭局，设局人、局精、局托儿、陪客、花瓶，众角色一个都不能少。这里所说的饭局就是一个很好的方式。

饭局是可以不断延伸关系的网络，可以获得新关系，巩固老关系。早在春秋时期，齐相晏子在饭局上"二桃杀三士"，蔺相如渑池会上屈秦王，开赵国数十年之太平。此外，如"鸿门宴"、"青梅煮酒论英雄"、"杯酒释兵权"、"火烧庆功楼"等历代著名饭局已是耳熟能详、妇孺皆知。可见，在中国，饭局从来就不是简单的解决温饱而已的一次进餐活动，其中包括了各种各样的目的和功能。

中国人历来重视熟人关系的搭建和沟通，因为熟人关系往往可以帮助我们获得更多的信息与利益，另外熟人也是人们心理上的安全阀，因为熟，所以我们内心觉得安全可靠，由他们发展而来的关系和门路也更易于接受。

如今想要顺利地办成一件事，即使像生病住院需要排床位，都要动用明里暗里交织的错综复杂的关系网。不会发掘关系，不善于发展关系的人是不容易把这么简单的事情顺利地办妥的，更别谈难办的事情了。俗话说"英雄难过美人关"，现在是"英雄难过熟人关"。有了熟人，才有人情，有了人情，才好说话办事。

我们常常听到说"这个事情是熟人介绍的，没问题"，工作上也常凭借熟人关系拓展下一步业务工作。当熟人介绍和请吃饭联系到一起的时候，"饭局"就成了不断延伸关系的网络了，可以获得新关系，巩固老关系。

在一个充满陌生人的社会中，人们千方百计的迅速连接和扩张自己的"熟人社会"关系，职场也是如此。没有关系要寻找关系，有关系要利用好关系，借助老关系开辟新关系。

有这么一个例子，苏珊一直在美国一家大公司做初级会计的工作，在公司各部门几经调整之后，她感到各方面的业务都应付自如了，便希望从中西部调到佛罗里达州。因为她同他现在的这个州的各家公司都没有任何联系，所以只能给她知道的各家公司写信并与职业介绍所联系，但都没有得到满意的答复。后来，苏珊决定通过关系网来办这件事。她动脑筋搜集了一下她所能利用的各种关系，而后列出了许多人的分类表，她从分类表中选出可能帮上忙的一些关系，然后，她记下了这些人。这些人呢直接或间接地同她想去的佛罗里达州都有关系，且同会计公司有关。最后她做了进一步思考，确定这些人中间哪些人同会计公司联系更为密切。最终她选中了两个人：一位是她的老板史密斯，另一位是她的同事杰克。苏珊的下一步行动也是最重要的一步，就是想办法让帮助自己的人得到自己的帮助。而一旦这个被她帮助的人得到帮助，很可能就会以报答的方式使她的愿望实现。苏珊知道，杰克对参加一个大学生联谊会很感兴趣，于是想出了个好办法，富兰特里蒂的妹妹埃利是这个联谊会的会员，苏珊认识富兰克里蒂，并通过富兰特里蒂结识了埃利，通过埃利的介绍，杰克见到了联谊会的委员。为此，杰克举行了一个晚会，并在晚会上把苏珊介绍给他的父亲，他的父亲是佛罗里达州的律师。尽管这位律师与佛罗里达州的任何一家商务公司都没有直接联系，但他在律师圈子里很有声望，通过他一位朋友的帮助，找到了一家职业介绍所的总经理，并通过多方努力，给苏珊介绍工作，最后苏珊终于得到了满意的职位。

所以，要想扩充自己的交际范围，成就大事，就要善于从老关系中发掘新关系，朋友的朋友还是朋友。

甄嬛的人脉拓展策略：

因为汝南王妃贺氏温顺谦和，所以甄嬛礼待接近，后借与汝南王妃交情劝诫王妃，请封汝南王长女庆成宗姬为恭定帝姬，入宫伺候太后，长子予泊为世子，妥当处理汝南王与文官争端；

为制衡安陵容与皇后一党，甄嬛使小允子找其同乡钦天监季惟生帮忙利用天象之说解徐燕宜（贞妃）之围，困住安陵容，后又借钦天监季惟生之手制衡胡蕴容（昌妃）；

利用旧仆晶清了解并传话庆嫔周佩，与周佩联手拉下对手祺嫔；

在温实初以失职自请守眉庄梓宫三年时，培养温实初徒弟卫临为自己心腹，后借卫临之手解出安陵容宫中凝露香为暖情药，成功扳倒安陵容；

撮合三妹玉娆与平阳王联姻，使得甄府日趋复兴。

不忘拜冷庙，悉心烧冷灶

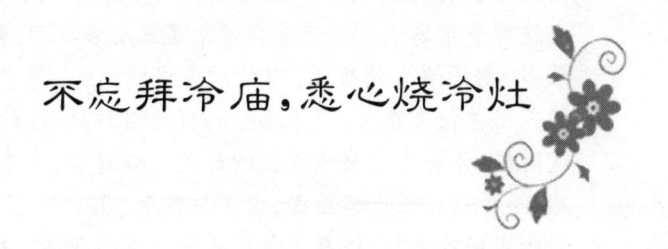

小鲁是媒体代理公司的媒介，平时经常要跟电视台领导们打交道，临近元旦了，小鲁拎着礼物准备去拜访广告部的张主任。还没进门，就在走廊遇到了相熟的宋老师。

"小鲁啊，你是来找张主任的吧？唉，你不用再拜访他了，因为前段时间节目播放上的一次失误，他被免职调到了后勤部，现在广告部是曾老师暂时代理主任的职务。"

小鲁暗暗的庆幸，多亏碰上了宋老师，要不这回可真会进错庙、烧错香了。张主任是小鲁公司的老关系了，当初要不是张主任在中间帮忙，他们公司也拿不到媒体代理权。现在他下了台，小鲁觉得挺可惜的。心想看来这次得重新烧香拜菩萨了。

小鲁提着一大兜子礼品在走廊上站了一会儿，想，有句话不是说得好吗？"闲时多烧香，急时有人帮"，不管怎么样，还是应该先去拜访一下被免职的张主任。新上来的曾代主任刚上任，拜访的人肯定很多，自己迟早都会去拜访，可下去的这位张主任现在不去看他，被他知道了，以后再见面可就尴尬了。这种"人一走茶就凉"的事做出来可是最伤人心的。张主任在位这么多年，万一又复职了也说不定呢。于是，小鲁问明了后勤部的位置，带着礼物敲开了张主任的办公室。

张主任咋一见到小鲁，有点吃惊，面子上又有点挂不住："小鲁啊，又是为了你们公司要上的新广告来的吧？我已经不管事了，你还是去找新主任吧。""看您说的，张主任，今天我是特地来看望您的，新主任我下次再去拜访。"小鲁热情地说。"看望我？"张主任有点意外，"来，你坐！"他苦笑着说："我现在还有什么可看的，主任不当了，事也不管了。""瞧您说的，好像我除了找您办事就没别的了。"小鲁把带来的礼物放下来，说："我来看看一位尊敬的年长朋友,不行么?您的事我也听说了,可是,我不知道您也会这样子意志消沉。您在台里干了这么多年了,资格最老,懂的最多,您不要太消极了,有的时候退就是进,您迟早还是会回去的。"张主任失势后,明显感觉到自己"门前冷落鞍马稀",没想到这时候,还有人能跟他在位的时候一样对他,让他倍感温暖。果然,毕竟张主任资格最深,业务最精熟,几个月后,台里就撤销了对张主任的处分,恢复了他广告部主任的职务。这以后,小鲁再到台里去送审广告,得到的待遇可想而知了。甚至,当小鲁跳槽到了其他的媒体公司,张主任还对他念念不忘,总跟媒体公司打听她的情况。

大家都去拜访新上任的代主任时,小鲁依然真诚地去拜访了失势的张主任,这是典型的拜冷庙,烧冷灶,交落难英雄的做法。

有时,拜冷庙,烧冷灶也会比去热庙烧香得到更多的眷顾!

因为热庙香火鼎盛,香客太多,神佛受香也多,它的注意力很自然就被分散了,你去烧香,它也不过当你是众香客之一,显不出你的诚意和特别,神佛对你也不会有特别的好感。所以一旦有事求它,你在它眼中也就是众人中的一位,不会特别上心,也不会给你特别的眷顾。

但冷庙的菩萨就不是这样了,平时门庭冷落,无人搭理,倍感炎凉,如果你这时能很虔诚地去烧香,冷庙的神佛会感慨良多,对你记忆深刻。同样烧一炷香,冷庙的神佛会认为这是天大的人情,日后有事去求他,他自然会特别照应。一旦有一天风水转变,冷庙变成了热庙,神佛对你还是会特别看待,不会把你当成趋炎附势之辈看待,一定会有求必应。

所以锦上添花固然灿烂,但雪中送炭会更显珍贵!

同样,在职场上,风云变幻,职位起起伏伏,很难预料。昨天的总经理,今天可能被罢免;毫不起眼的小员工,瞬息之间可能成为你的顶头上司。办公室生活不可能一帆风顺,挫折、背时是难免的。英雄也有落难的时候。而他的落难正是对身边人际关系的考验。以前车水马龙,今则门可落雀;以前一言九鼎,今则哀告不灵;以前无往不利,今则处处不顺,这时他对人的认识也比较清楚了。远离而去的人可能从此成为路人,同情、帮助他渡过难关的人,他可能铭记一辈子。所谓莫逆之交、患难朋友就是这样产生的,这时形成的感情是最有价值、最令人珍视的。

所以,当你的周围有这样一位因为境遇暂时屈人于下的人,就应该及时结交,多多联系。如果自己有能力,更应给予一些工作上的协助,如果生活上有困难,也可以适当地施予物质上的投入。而物质上的救济,不要等他开口,要随时采取主动。寸金之遇,一饭之恩,可以使他终身铭记。日后如有所需,他必奋身图报。即使你无所需,他一朝否极泰来,也绝不会忘了你这个知己。

对待落魄、失势者的态度不仅是对一个人交际质量的考验,而且也是建立良好人际关系的契机。有些人"平时不烧香,临时抱佛脚",有事了才想起去求别人,又是送礼,又是送钱,但效果却常常不理想,就在于交际的时机不对。其实求人如求佛,心诚则灵,心不诚,礼再多人也怪,因为对方知道,你所谓的礼,不过是一种交易的手段罢了。

荣枯盛衰是每个人的常伴之物。我们身边既有逐步攀升的人,也有失足没落的人。我们在记得锦上添花的时候,更要记得雪中送炭!

甄嬛的人脉拓展策略:

端妃常年病居,宫殿冷落冷清,病体不见好转,但甄嬛仍亲去探望,托温实初给端妃诊治,选拔自己宫中稳妥宫人伺候端妃,冷庙烧香,后多得端妃相助才能扳倒皇后;

敬妃曾因华妃打压失去封妃机会,在宫中沉寂平和,甄嬛暗示敬妃将后福无穷,联合敬妃制衡华妃,助敬妃上位;

秦芳仪和陆昭仪在甄嬛失宠时羞辱她,结果被复起后的甄嬛以人彘故事吓疯;

甄嬛被赶出宫寄居寺庙,尼姑静白认为她是失势之人,百般欺负,而莫言结交帮助甄嬛,后甄嬛怀孕回宫,静白受惩罚挨板子被免去副主持一职,而莫言接任寺庙副主持,女儿花宜也跟着甄嬛进宫;

安陵容设计陷害李长与槿汐,安陵容被揭穿罪行禁足宫中后,被李长折磨报复。

"艳遇"你的职场贵人

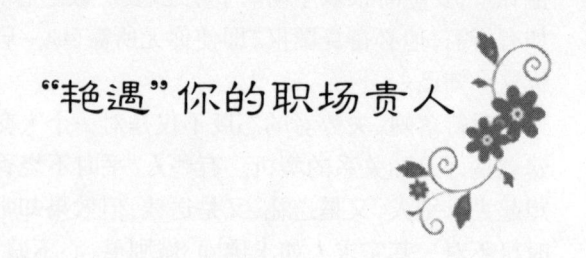

常言道："朝中有人好做官。"生活中，我们常听到有人抱怨说自己的能力不比别人差，业务也精，但是因为没有人提拔自己，在基层勤勤恳恳、任劳任怨、累死累活干了一二十年还不如某某某。能得到贵人的提携，一下就会"鲤鱼跃龙门"，顺顺当当地升上去了。

有贵人相助，确实对个人的事业有很大的帮助。曾经有一份调查显示：职场中，凡是做到中、高级以上的主管，90%的人都受过不同级别人士的栽培和帮助；做到总经理的，有80%遇过扶助自己的贵人；自己创业当老板的，竟然100%都曾被人提携过。可见，成功者之所以能成功，也与生命中的贵人倾力相助分不开，是贵人使他们快速成长，带领他们走向成功的道路。

所以，善于接受贵人的帮助，是成功者把握历史性机遇关键性的一步，也是他们最终成功的要素之一。

美国著名教育家卡耐基曾经提出："一个人的成功，15%取决于专业本领，85%取决于人际关系与处事技巧。"这句话得到了职场人士的认可和推崇。

确实，在攀向事业高峰的过程中，贵人相助是不可缺少的一环，有了贵人，不仅能给你事业加分，还能为你的成功加速。

对于职场女性来说，这种需要更为突出。因为，在长期由男性主导的职场环境中，男性建立了专有的职场游戏规则。女性要分半壁江山就显得尤为艰难。而且女性比男性在成功事业的道路上，所遇到的坎坷也要多一些，但是如果女人有贵人相助扫除荆棘，创造机会，情况就会大有改观。所以，如果女性想要及早成功，就要善于在交际圈子里发现自己的贵人，并借助他们的力量帮助自己成功。

大凡有成就的成功女性在上升的每个阶段都会有贵人的提携和帮助。就拿内地演艺圈最有影响力的女星赵薇来说，她是大陆第一个可以与港台日韩偶像相抗衡的明星。出道十余年来，她始终淡定稳重、宠辱不惊，在荣耀和伤痛中不断成长、超越。她的生活起伏跌宕，她的人生精彩无比。她成长的各个阶段同样也离不开贵人的帮助。

她的第一个贵人可以说是北影的崔老师。赵薇在很多场合都感谢过这个把自己当女儿一样看待的老师，可以说，当时要不是崔老师的帮助，也许就没有了今天大红大紫的赵薇。原因是在北京电影学院的招生考试中，赵薇把准考证弄丢了，负责考试的崔老师一听："连准考证都能弄丢的考生，怎么能参加考试。让她回去吧。"然而，在考场轮换考生的间隙，崔老师在楼道内休息时，见到赵薇正坐在表演系考场外的楼道边哭泣，于是心地善良的崔老师便走过去问她为什么哭，赵薇闻听抬起头面对崔老师泪如雨下，那双水汪汪的大眼睛顿时打动了崔老师。在崔老师的一再恳求下，赵薇才得以补办准考证并以专业第一的成绩考入北影。

如果说赵薇的母亲给了她生命，那么琼瑶可以说是给了赵薇演艺生命，当初正是因为琼瑶挑到了赵薇，给了她饰演《还珠格格》中"小燕子"的机会，才使赵薇一夜成名。

而著名导演谢晋作为赵薇最重要的启蒙恩师也是她生命中重要的贵人。

赵薇成名后，曾深受军旗装事件困扰，事业一度陷入低谷，此时的贵人刘镇伟又及时地给了她很大的帮助。"你知道《天下无双》是部喜剧片，而我当时是那样的心情，根本不知道怎么去演。刘导天天开导我，不仅指导我演戏，更教我怎样对待生活。"其中有一场要连笑1分钟的戏，但心情极度低落的赵薇，根本笑不出来，刘镇伟能当众脱裤子把赵薇逗乐，帮她走出了心理阴影。

可以说，正因为赵薇在自己事业的各个阶段遇上了自己生命中的这几个贵人，并得到了他们的帮助，人生才如此成功、精彩。

当然，每个人的人生轨迹不尽相同，我们也许没有赵薇那么幸运。但相同的是，往往在人生的重要转折处，真正的贵人出现，会帮助我们走向更大的成功。

所以，贵人是能够缩短我们的奋斗时间、加大我们成功的砝码的那个人。

较好的人际关系已经在现代人的发展中得到了升华，有贵人相助，办起事来便更加得心应手。我们每个人的一生中都会结交很多的朋友，而且分散于各行各业，也说不定这其中的某些人在某个时候就成了你的贵人，在你的事业和生活发生变化时，贵人的存在也会发生很大的变化。的确，某个朋友现在没有成就，事业处于低谷，你觉得他会是你的累赘，但也许他就是你生命中一直守望的贵人。所以，我们需要建立一个保持良好的关系网，来帮助我们寻求不同阶段的不同贵人。

很多时候，其实成功仿佛就在我们面前照耀，可是伸手却不可触及，就好比登山，看似登顶在望，可是却差了那么一点力气，此时若有人能在后面推你一把，助你一臂之力，你就能登临顶峰。所以贵人在我们的职业生命中发挥着巨大的作用。他们就像我们的小天使，在我们身旁守候着我们，希望我们的努力及付出变得更有价值。

不管是生活中还是职场上，那些愿意无条件力挺你的人，愿意唠叨你的人，愿意和你分担分享的人，教导及提拔你的人，愿意欣赏你的长处的人，都是你生命中的贵人。

因为他们从来没放弃过你，只会默默地在幕后支持着你，帮助你飞黄腾达、扶摇直上。

甄嬛的人脉拓展策略：

在华妃打压下，为保性命，甄嬛懂得良禽择木而栖，与皇后结盟，联手对抗华妃，最终扳倒华妃。初入宫，皇后是甄嬛的贵人；

华妃与曹婕妤诬陷甄嬛以木薯粉毒害帝姬，端妃以证人身份为甄嬛辩白，助甄嬛脱得困境，端妃是甄嬛的贵人；

甄嬛好姐妹眉庄被禁足时，芳若帮助甄嬛探望眉庄，甄嬛怀孕禁足期间得芳若陪伴，甄嬛去甘露寺修行，芳若一个月去看望一次，甄嬛回宫后芳若又有意无意地帮助她，芳若是甄嬛的贵人；

卑贱如安陵容，没有家世背景，没有绝世美貌，但却一直荣宠不绝，屹立不倒，便是因为皇后的提携。

嘴皮子的软实力
（口才，职场的加分筹码）

在当今社会中，口才作为一项基本技能，已经被人们所共识，它不仅起到传递信息的作用，还能够体现一个人的修养、知识、魅力等。

职场上常说的一句话叫"会做的不如会说的"，具备出色的口才已经成为个人获得成功的重要条件。无论是进入公共事业机构，还是投身职场，在竞争与合作并存的环境里，我们都要与他人交往。这时，准确传递信息，表达情感，说服对方都需要我们具备出色的口才。尤其对于女人，卓越的口才、有技巧的说话方式，不仅是事业披荆斩棘的利剑，更是增加自身个性魅力的砝码。

美国人类行为科学研究者汤姆士指出：说话的能力是成名的捷径。它能使人显赫，鹤立鸡群。能言善辩的人，往往使人尊敬，受人爱戴，得人拥护。它使一个人的才学充分拓展，熠熠生辉，事半功倍，业绩卓著。

事实上，说话与事业的关系至为密切。说话是胜任本职工作最重要的条件之一。如果说知识是财富，口才就是资本。说话水平高，能说会道，才干就可以通过言语充分地显露出来，从而获得领导、同事更深一层的了解和赞赏，获得信任和提拔。

对于职场女性来说，语言能力更是她们必备的职业素质之一，它反映了一个人的内在实力与修养。

张庭是某IT公司的技术骨干，她性格内向，不太爱说话，但是专业技术水准一流，是技术部门的业务顶尖高手，可是却每次都在公司选拔技术部经理的时候被淘汰。张庭内心很郁闷，觉得公司是歧视女性员工，而且公司领导不重视技术人才，所以她跳槽到另一家对手公司。但出人意料的是，在另一家公司她仍然是做核心的技术工作，但公司领导还是没有让她担任技术部门的领导工作。张庭很纳闷，事实上的一流技术水平的人为什么做不到技术部门的领导呢？原来，在领导眼里，张庭升职受挫并非是单位歧视女员工，而是她虽然技术水平一流，表达能力却不行，领导注意到无论是开会还是技术上的讨论，张庭总是词不达意，让人不太明白她想说什么。遇到紧急情况时，更是显得手足无措，所以领导根据她的日常表现，判定她组织能力不行，因此只能把她当做专业技术人才使用，而决不敢把她放在技术管理岗位一试。

　　实际上，在人才济济的公司里想要脱颖而出，想要领导注意到你，你就必须散发出你是人才的信息，不管是表达你的思想方法或者是工作建议，都需要你能流畅顺利地表达出来。

　　同样的工作同样的意见，在不同人的口中，就有不同的表述，表述得准确、简练、清晰的人往往能得到领导更高的评价。因为表述得更清楚、语言更流利，就意味着能影响到领导和更多的人，也就是说你的意见价值就更大。

　　所以，口才是一个人内在实力的外在表现，是绝大多数人提升职场价值的最重要载体。在快节奏的办公室里，假如与一个说话不着边际、洋洋万言却切不中要害的人谈工作，你肯定会疲惫不堪，甚至会感到厌烦和恼火。他越废话连篇、闪烁其辞，越会让你不知所云。这样的人即使想法再好，领导也无法对他的建议进行正确的判断。茶壶里煮饺子倒不出来，就是对这种人的一种揶揄，它的真实含意就是说，如果领导永远看不到饺子的话，就有理由坚信你的茶壶里面根本就没有饺子！

　　很多职业女性的成功，在相当大的程度上归功于她善于辞令。出身低微、黑人血统的奥普拉是"美国最当红脱口秀主持人"，她是一个用口才征服全世界的人，她的成就举世瞩目：通过控股哈普娱乐集团的股份，她坐拥10多亿美元的个人资产；主持的电视谈话节目"奥普拉脱口秀"，平均一星期吸引3300万名观众，且连续16年稳居同类节目排行榜的首位；她独创的一档电视读书会节目在美国引发了一股人人争读好书的热潮。

　　她的成功得益于一流的口才和睿智的头脑。她的魅力在于能用自己的言谈很容易地带动或感染别人的情绪，影响别人。所以口才的作用可见一斑。

　　成功者曾经这样总结过："全凭自己的能说会道"；而失败者则这样归纳："都怨自己的这张嘴"。可见，说话水平的高低，直接影响着人生的得失与成败。如果你没有语言障碍，如果你并不缺少才智，如果你想成就人生的梦想，就不能不具备能说会道的本领。而不善言辞，或尽说废话、空话、套话的人，他们的人生必然不会有多大的成就。

甄嬛的人脉拓展策略：

在甄嬛得宠后，多次受到嫔妃的言语刁难及讽刺，甄嬛巧舌如簧，总能应付自如：在上林苑中遭受妙音娘子无礼挑衅，甄嬛巧妙地借流朱之口教授妙音娘子礼节，羞辱妙音娘子；

在恬嫔有孕后，曹婕妤讽刺甄嬛受尽恩宠但无孕，甄嬛巧妙地为曹婕妤向华妃请罪，暗示真正受尽恩宠但始终无孕的人是华妃，果然挑起华妃对曹婕妤的恼怒，借华妃之口训斥曹婕妤；

在华妃与皇后关于芍药与牡丹尊卑的争斗时，甄嬛以"庭前芍药妖无格，池上芙蕖净少情。唯有牡丹真国色，花开时节动京城"的诗为皇后解围，表明自己立场；

皇上玄凌为汝南王一事觉得自己窝囊时，以汉景帝和光武帝作比宽慰玄凌是屈己为政，让玄凌自感轻松、舒坦。

职场蜘蛛侠：学蜘蛛结网

现代社会中，人际关系的重要性是不言而喻的，俗话说，"三分做事，七分做人"。人际关系已经完全渗透到我们生活的每一个角落之中，它不仅影响着我们个人的行为，更影响和决定着一个人事业的成败。良好的人际关系会使人在工作中、职业生涯发展中占据主动，左右逢源。拥有强大的人际关系网，会比竞争者具有先天的资源优势。而且关系越广，路子越宽，就越容易成功。

在美国，曾有人向2000多位雇主做过这样一个问卷调查："请查阅贵公司最近解雇的三名员工的资料，然后回答：解雇的理由是什么？"结果无论什么地区无论什么行业的雇主，三分之二的答复都是："他们是因为不会与别人相处而被解雇的。"

很多成功的商界人士也都深深意识到了人际关系网络资源对自己事业成功的重要性。曾任美国某大铁路公司总裁的史密斯说："铁路的95%是人，5%是铁"。连美国石油大王洛克菲勒都曾经说过："我愿意付出比天底下得到其他本领更大的代价来获取与人相处的本领。"

小芸大学毕业后就进入一家外贸公司做物流，这是公司新设的部门，只有一年的时间，小芸就做到了物流部门的主管，但越是到后来，她发现自己不了解的问题越多，而且很多问题公司内部也没有人能给出一个很好的答案，外面认识的同行也有限，想请教都找不到对象。一次，小芸在网上寻找答案时偶然进入了中国物流论坛，她像发现新大陆一样的兴奋，因为这里聚集了物流行业的众多精英人士，论坛的话题也是五花八门，涉及物流的各个层面，小芸赶紧注册了会员，一有时间就泡在上面，并通过论坛结识了许多天南海北的同行，很多问题都在这里找到了合适的答案或者非常好的建议，对小芸的工作起到了很大的帮助。

生活中,善于拓展关系的社交高手不管是在宴会、洽谈公事或是私人聚会上甚至是网络上总是能掌握时机。在他们的眼中,人生就是一场历险记:他们随时竖起耳朵,在会议室、酒吧、街角、餐厅、各种论坛甚至是澡堂里,搜集各种精彩的内幕消息,处处"增长见闻",他们相信只要多走动就必定有收获。所以那些经常喜欢参加聚会,喜欢扩展关系网络的女性比下班之后就回家,周末也喜欢窝在家里不出门的女性更容易获得成功的入场券。她们在不断丰富关系网络的过程中也不断被其他人群所接纳:这些人群中的人通常会探讨怎样在职场中实现目标与获得成功,悄悄交流什么地方会有某个职位空缺,她们通常也通过交流来消除自己内心的疑虑和恐惧,从而更坚定自信心。

这样的过程让她们能够获得大量的成功机会,更重要的是扩充和丰盈着她们的人生。就职业女人来说,假如你要在事业上获得更进一步的发展和提升,就一定要学会口吐莲花、左右逢源,训练自己捕捉任何蛛丝马迹的能力,让自己成为一个天生的侦探或者是记者,像八脚鱼一样编织并时常丰富好属于你的人际关系网络和善于发展联盟网络。

在公司中,可以多跟不同部门、不同阶层的同事建立亲密而友善的人际关系。从前台到总经理秘书,从业务员到财务等,这些"自己人"不但会让工作变得有趣和愉快,更能在你有需要的时候伸出援手,助你一臂之力,圆满达成你所愿。

首先,对别人的工作表示真诚的兴趣。日常可以多关心对方的工作状况及其中甘苦,多倾听对方的心声,做个好听众,当对话内容多以"我感觉……"、"我认为……"为主轴时,与同事深入而交心的人际互动就成功建立了。在这个过程中,可以在能力范围内,主动帮助同事,这也是累积人际资产的双赢做法。有位企业人士说得好:"欠我的人愈多,日后帮我的人也愈多。"所以当有同事需要找人代班,或搜集信息时,别忘了挺身相助!

另外,我们还可以经由老师、学长介绍,参加某种兴趣团体、聚会等活动,注重去接触那些有知识、有地位、有能力的成功人士,很可能某个时间,他们会为我们提供很好的职业发展机会。如果获得了成功人士的联系方式,可以由轻松的短信或Email问好开始与对方的联系,而不要操之过急。

还有,现代网络如此发达,我们还可以建立论坛或担任某个论坛的版主来建立和完善自己的个人空间,把网上人际转变为实际人际关系。就自己的兴趣或某方面专长参与一个论坛,或把这些作为个人博客的主题,吸引网上的朋友关注你,如果碰到比较谈得来的,可以找机会见个面,大家多做沟通。也可以组织论坛里的人进行聚会,这样一次就可以获得很多具有某方面共同语言的朋友。

但是要记住：即使不能成为朋友，也不能变为敌人。我们丰富关系网络的重点在于发展人际联盟，而非树敌。因此即使与对方做不成自己人，也千万别成了死对头，保持基本礼貌是优雅的表现。

其次，管理好名片、Email 地址是我们持续维持已经获得的人际关系的最基本的办法。我们可以将名片按姓氏排序，Email 地址按同学、同事、业务伙伴等分类。逢年过节通过 Email 问候大家，让人体会到你并没有忘记对方。

最后还需要经常审视我们自己的人脉关系，列出自己想见的人的名单，可以用电脑建立自己的人际关系网络资源数据库，以便自己注意在人际网络上的丰富，并寻找各种可能的方式见到他们。

大量事实证明，机会和一个人的关系网络范围成正比。因此，我们只有把丰富关系网络与捕捉机遇联系起来，充分发展自己的联盟网络，不断扩大交际，才会发现和抓住难得的发展机遇。

甄嬛的人脉拓展策略：

翠微宫主位祺贵嫔以庆嫔宫里石子铺在徐婕妤玉照宫前陷害甄嬛滑轿，庆嫔周佩向甄嬛投诚，甄嬛借机笼络庆嫔周佩；

后甄嬛与庆嫔设计让玄凌面见祺贵嫔责打旧仆晶清，使得祺贵嫔被降为嫔，庆嫔周佩升容华掌翠微宫主位；

甄嬛初见徐燕宜，感其对玄凌深情愿助她保胎，与徐燕宜交好；

当皇后请封赵容华为婕妤时，甄嬛请封容华周佩为婕妤，德仪刘令娴为正四品容华，笼络人心；

皇后请封安陵容为妃时，甄嬛请封大封六宫，让六宫妃嫔对她感恩戴德。

第三章

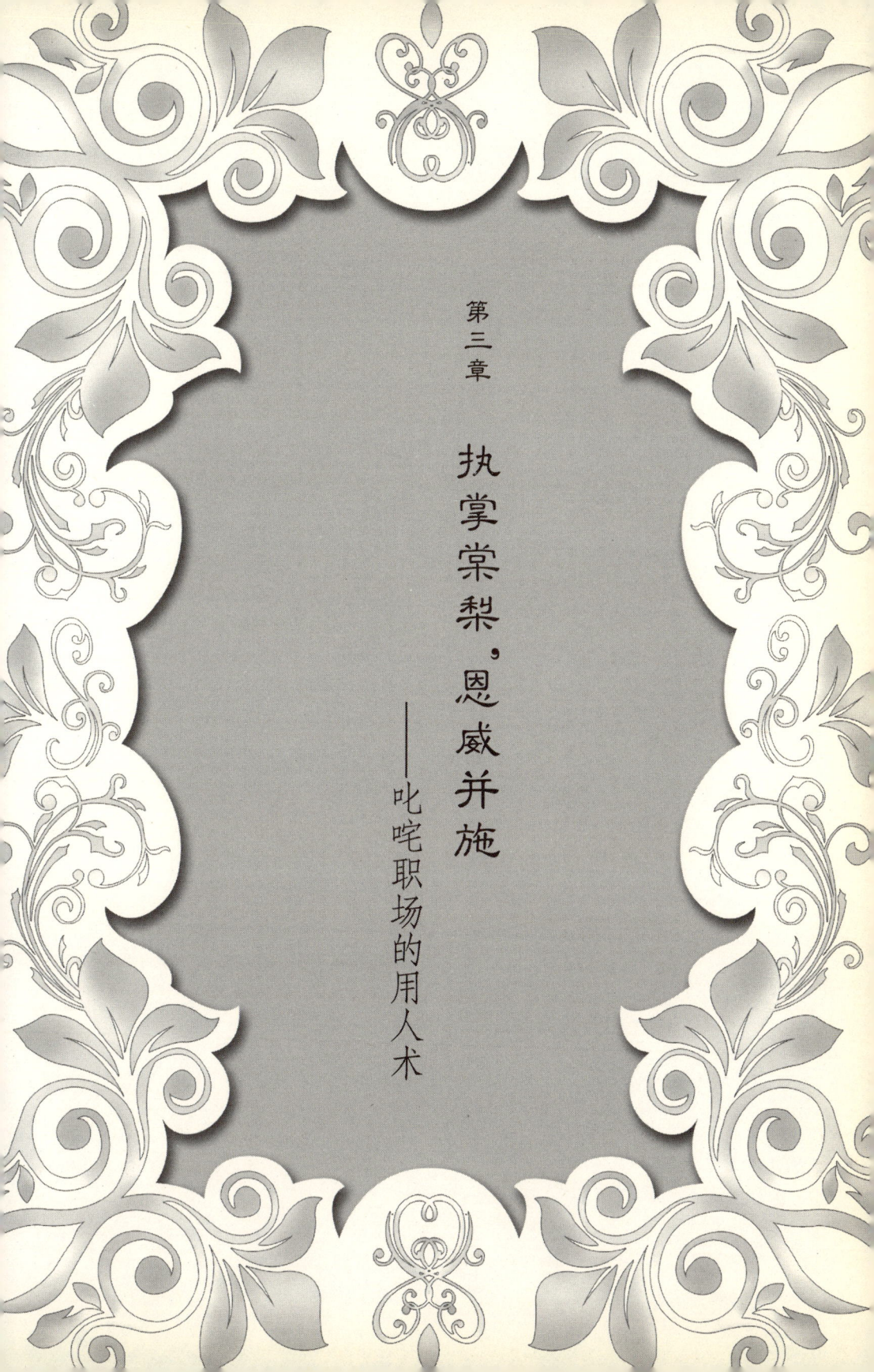

执掌棠梨，恩威并施

——叱咤职场的用人术

做一只胭脂虎

30出头的女白领李粤,两个多月前刚升任汉口一家贸易公司的销售部经理。李粤为人热情,大气豪爽,做销售工作的业绩是有目共睹。一当上部门经理,就走上了和前任经理全然不同的"亲民路线",跟部门同事和气得不得了。

之前的那位部门经理,性格刚烈,说一不二,对员工工作一不满意就大发脾气,在他威严的领导下,部门业绩倒还不错,可就是人心涣散,气氛压抑。领教了此等管理弊病的李粤,活脱脱成了部门的"大姐"。

炎炎夏日,员工们做销售少不了往外跑,中暑的、晒伤的都有。李粤特地为大家买来风油精、防晒霜、人丹等用品,叮嘱大家出门一定要使用;而且坚持每天早上提前来办公室,为大家熬好绿豆汤;有同事心情不好,一眼瞧出状况的李粤便主动提出帮对方承担一些工作……总之,从生活细节,到工作布置,李粤对大家伙儿照顾得是无微不至,同事们都直接喊她"李大姐"了。

很显然,这段时间来,员工们对这位新上任的"大姐"型上司喜爱有加,办公室氛围日渐活跃起来,部门凝聚力也提高了,李粤也是喜在心头。可让她颇感意外的是:销售业绩,怎么和以前比起来,不升反降了呢?

前日,李粤被总经理叫进了办公室。一脸严肃的老板在高度评价了她的"亲民"举措后,话锋一转:"搞人性化,没什么不对的,可好事做太过了,你还是个上司吗?"见李粤一脸诧异,老板道:"上司是需要一定权威的,和员工的距离过近,你的管理风格太弱,员工们就会忽略你的惩罚权和强制权,在工作中松懈和无所谓的心态就会越来越强,也就比较容易违反公司的工作纪律与规章制度,绩效变差,也是意料之中的事。"一席话,说得李粤顿有所悟。

在这个价值取向多元化的时代,女性已冲破传统观念的束缚,在方方面面向男性传统社会地位的挑战,已经成为社会发展与进步的一个重要标志。越来越多的女性一反柔弱形象,成功地扮演着企业各层领导的角色,这一变化,在近十余年的管理领域的突出发展中表现得尤为明显,特别是在硝烟弥漫的职场上更是构筑了一道亮丽的风景。

在职场上这些成功的女性被贴上"女强人"的标签,带着强力女性的面具活跃着,她们一方面需要争取自己与男性在机会、责任、权利方面平等与公正,另一方面需要争取得到下属对男性领导者一样的尊重和敬畏。

机会的平等和公正能让女性有晋升到管理者位置的可能,而尊重和威信则能让得到机会晋升的女性管理者站得更稳,更久。所以,对于刚刚上任的女性管理者来说,威严的树立至关重要。

有威信的领导,不用命令语言就能行使对下属的指挥权力;而无威信的领导,尽管行使了权力,往往很难收到预期的效果,甚至可能激起下属的逆反心理。所以管理者如果缺乏威信,那将是件很糟糕的事情,就如例子中的李粤,虽然有有效的权力,人际关系也处理得很好,能跟下属打成一片,但是却没有自己的管理风格,在员工面前没有威信,导致员工缺乏对奖惩制度的正确认识,管理制度无法得到切实的执行,所以销售业绩每况愈下,最直接的后果是领导对自己工作能力的怀疑。

不管在哪个行业,管理者都有别于众人。普通大众只要干好自己的事就可以了,不用借助威信去带领别人做什么。而管理者不然,管理者如果没有自己的威信,就无法起到"领头羊"的作用,无法依靠众人取得成功。尤其是女性管理者,因为女性特有的气质属性,例如感性、细腻、温和等因素决定了她们在决策风格、领导行为上一定有别于男性,所以在与男性下属相处的过程中,管理者身份更容易被人忽视。只有树立起自己的管理风格和威信,才可以增加自己作为领导者的光环。一旦失去了它,即使再有能力,在众人眼中也显得一无是处、暗淡无光。

俗话说,"老虎若无威,被人当病猫"、"兵熊熊一个,将熊熊一窝"、"虎父无犬子,强将手下无弱兵",说的都是管理者威严的作用。对于女性管理者来说,威严是无价之宝,是领导者必须具有的素质与资本。女性管理者要做一只职场上的"胭脂虎"和"河东狮",既有女人的漂亮能干,又像老虎一样威风八面,人见人畏(敬畏),业绩突出,行动迅速,处事果断。

那么,如何才能将自己打造成既美且威的"胭脂虎"呢?

首先,要树立自己的职业形象。在一般人的观念中,女性领导给人的印象是判断力不强,胆量不够,眼光短浅,心胸狭窄。所以要注意改变这一不佳形象,唯有以实际行动来表现自己的能力,摈弃自己的撒娇、任性和随意猜忌的"纯女人心态",女性的妩媚温柔也要适当地收敛,尽量培养自己做事果断、自信、心胸开阔的职业形象;另一方面,在穿着打扮上要注意自己的着装,最好着职业套装,可以略微中性,尽量让自己显得知性、干练、庄重。

其次,有自己的处事风格。对于工作中的问题,要理智对待,学会如何去控制局面,不违原则。对待下属要果断敢言,维护公理,表现出刚毅果断,决不能唯唯诺诺,处处让步。要让下属了解你所想,与你思路一致,得到下属和上司的认同,有自己明确的处事风格。

另外,与下属保持一定的距离。作为一个管理者应该与下属在工作上保持适当的距离,如果与下属太亲密,虽然从人情角度来讲很容易亲近,但从管理角度看会减少威严,很可能影响工作。如果与部分员工距离过近,一方面有违公平,另一方面对于自己的威严也是一种冲击。

最后,提高自己的能力。俗话说"没有金刚钻,不揽瓷器活",可见一个人只有拥有一定的能力,才能承担相应的责任,去创造与之对应的价值和财富。领导才能不仅仅包括专业技能,还包括学识修养、人生经验、世故阅历等多方面综合素质的反映,集中表现在识人、用人、容人的能力上。

甄嬛的用人策略:

她为下人小盛子寻找失散的姐妹,安顿家人,让小盛子感激涕零;提拔善待下人小连子小允子,也威慑有异心的康禄海、小印子;

为保恬嫔腹中孩子,不惜让自己受伤,尽力保住贞妃腹中胎儿,善待下人,为下人筹谋,但也有狠辣阴毒的一面。滴血认亲中,祺嫔、祥嫔褫夺封号降为更衣,余荣娘子罚俸三月,赵婕妤罚俸一年。甄嬛命将斐雯、静白乱棍打死,并取安陵容之计拔二人舌头。

……

目标也是一种手段

进入某一职业领域，自然会有不少的新鲜东西来引诱你，面对权力的诱惑，你能不能端正修身，既要运用手中的权力为社会做事，又要运用自己的管理手段来使自己成功。

其实对于成功来说每个人做人办事的手段都是不一样的，可以讲，一个人就有一种手段，一个人就有一种靠自己手段获得成功的途径。无数事实表明，有些人就是太过于自信，想用自己确认的手段解决任何问题，但不知道这往往起不到任何作用。因此，他们离成功的目标不是越来越近，而实际上是越来越远。

人生的计划和行动，是需要靠章法来完成的，而不是靠一些怪招去谋划的。这就好比在拳击台比赛一样：两个拳击手相互较量，激战正酣，进退躲闪、扑让攻守，都有相当灵活的步伐和拳路，他们的一招一式都是为成功而做准备的，这一招一式就叫手段。可惜的是，有很多人并不能看到这一招一式的寓意。

手段是成功的保证，没有手段的行动和计划一定是事倍功半的，孙悟空与牛魔王一比高低，靠的是什么？靠的是他七十二变的手段；"飞人"乔丹叱咤 NBA 赛场靠什么？靠的是他灵活自如、左右盘带，飞身灌篮的手段。一句话，没有手段，你永远吃不到成功的甜果。

手段从何而来？对于那些成大事者来说，他们善于总结自己、反思自己、比较自己，从而避实就虚，找到自己人生的强项——自己究竟能干什么和不能干什么，并付出实际的行动。这个过程就是确立自己成大事手段的过程。不明白这一点，一个人永远就会在错误的方向走下去。

职场上曾发生过这样一个事情：某单位业务涣散，主管每日强调规章制度，开会施压，可总是毫无成效，情况没有丝毫改观，主管无奈之下只得引咎辞职。

后来单位里调来了一位新主管，据说是个能人，专门被派来整顿业务。

可是,日子一天天过去,新主管却毫无作为,每天彬彬有礼进办公室后,便躲在里面难得出门。那些紧张得要死的坏分子,现在反而更猖獗了。他哪里是个能人,根本就是个老好人,比以前的主管容易唬得多。

四个月过去了,让大家没有想到的是新主管突然发威了,坏分子一律开除,能者则获得提升。下手之快,断事之准,与四个月前表现保守的他,简直像换了一个人。

年终聚餐时,新主管在酒后致辞:"相信大家对我新上任后的表现和后来的大刀阔斧,一定感到不解。现在听我说个故事,各位就明白了。

我有位朋友,买了栋带着大院的房子,他一搬进去,就对院子全面整顿,杂草杂树一律清除,改种自己新买的花卉。某日,原先的房主回访,进门大吃一惊地问,那株名贵的牡丹哪里去了?我这位朋友才发现,他居然把牡丹当草给割了。

后来他又买了一栋房子,虽然院子更是杂乱,他却是按兵不动,果然冬天以为是杂树的植物,春天里开了繁花;春天以为是野草的,夏天却是锦簇;半年都没有动静的小树,秋天居然红了叶。直到暮秋,他才认清哪些是无用的植物而大力铲除,并使所有珍贵的草木得以保存。"

说到这儿,主管举起杯来:"让我敬在座的每一位!如果这个办公室是个花园,你们就是其间的珍木,珍木不可能一年到头都开花结果,只有经过长期的观察才认得出啊。"

"路遥知马力,日久见人心"。一个员工的价值高低绝不能凭我们管理者一时的观察或是只看他表面的现象。要真正了解一个人,需要长时间持续地观察和一定的鉴别管理手段。只有通过了细致彻底的观察和比较,才能正确评估出一个人的价值并给他合适的工作。

如果说花匠的管理手段是勤于给花草施肥浇水,修枝剪叶打造一个美丽的花园,那么职场管理者的手段就是实现自己的管理目标,让自己在职场上游刃有余。

甄嬛的用人策略：

在汝南王责打言官，群臣非议，玄凌询问甄嬛是否依律秉公处理责罚汝南王时，甄嬛本可以让玄凌责罚汝南王，报得大仇，然而她并不主张责罚汝南王，而劝慰玄凌平息事态封赏汝南王，又以贡茶之事暗示汝南王府克扣贡品，增加玄凌对汝南王的厌恶和忌讳，以此推波助澜，让玄凌积蓄更多对汝南王的怒气，达到自己铲除汝南王及华妃一派的目的；

在怀有玄清孩子，闻听玄清死去后，甄嬛为保孩子，为家人报仇决定回宫，为了做到让玄凌恋恋不忘，所以每日捣碎桃花敷面。摘了桃花、杏花和槐花熬粥，并辅以神仙玉女粉，以飘逸出尘的银灰色佛衣装扮"偶遇"玄凌，用对镜研习过无数次的情态打动玄凌，果然事半功倍，顺利回宫；

把目标作为手段，连皇上玄凌同样如此，为稳住汝南王，稳定朝纲，玄凌忍受汝南王的无礼，在汝南王飞扬跋扈责打言官时，还封萌其妻其子，让汝南王松于防范，只为待时机成熟后一举歼灭；

为防止汝南王得势，在华妃进宫后赐予"欢宜香"使华妃终身不孕，又对华妃极尽宠信，安抚人心；

兔死狗烹，皇后借助甄嬛扳倒华妃后，又借助先皇后纯元故衣在册封礼上陷害甄嬛，使之触犯皇帝玄凌禁忌，达到使甄嬛失宠的目的。

一手胡萝卜，一手棒子

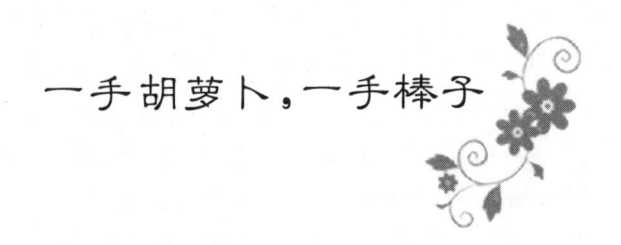

我们知道，在动物园驯兽员为了让海豚、猴子等动物听话，常常会在它们完成钻火圈儿、骑车等指定动作后赏给它们一些好吃的——例如胡萝卜，这叫作恩。但是，如果动物们吃完东西后偷懒不干活，不再去钻火圈儿和骑车，怎么办？驯兽员还有另外一样东西：鞭子！也就是我们常说的大棒——威。恩威并重，是驯兽员管理动物们最常用的手段。

同样，在企业里，不管是高层还是中层领导，他们的管理方式既离不开立威，也离不开施恩，有恩无威，人不畏惧，领导权力的行使将大打折扣；有威无恩，人人离心，失去凝聚力，领导的权力也将形同虚设。正所谓一手胡萝卜，一手棒子，黑脸白脸都要唱，做到能屈能伸，能柔能刚，亦宽亦严，亦恩亦威，恩威并重，既打又拉，才能领导好企业，在企业内形成良性循环。

恩威并重的管理原则反映到具体的措施上就表现为赏与罚，而且赏要服人，罚要甘心：该赏者，一定要赏，赏不避仇，哪怕是讨厌的人也要给予奖赏。奖赏以能力和贡献为标准，起到众人树立一个典范的效果；该罚者，一定要罚，罚不避亲，哪怕是喜欢的人也要给予处罚，而且惩罚需要有理有据，要根据纪律规定和制度执行，让被惩罚者心服口服，无话可说，起到让众人引以为戒的效果。切忌小题大做、无事生非、不明就里的乱罚。

李梅是一家图书发行公司的领导人，在公司面临破产的关头李梅接手了这个公司。为了应对激烈的市场竞争，让企业起死回生，李梅制定了一系列的制度。她要求编辑部门只要交稿日期确定了，就必须在这个日期内完成任务额，如果耽误了交稿日期，那么编辑部门该月所有人员的工资和奖金就会被取消；如果能提前保质保量地完成编稿任务，公司会给编辑部门各员工丰厚的奖励；如果能超额完成，那么完成部分的利润将全部作为奖励发放给员工。这个规定刚出炉就遭到了很多人的反对，但是李梅说一不二，认为有奖有罚的制度才能让员工把公司当成自己的事业来拼搏,所以这个制度还是被执行了。

在李梅执行制度一个月后,编辑部门的工作效率果然提高了一倍,最后不但按期完成了任务,而且还提前了很多天,编辑们一改过去拖拖拉拉的习惯,又利用这些天完成了另一批编稿任务。李梅说话算话,不但对编辑部门进行公开表扬,而且还将超额完成的利润部分全部奖励给了员工。

李梅的做法大大地激发了员工的工作热情,也很快得到了公司各个部门的拥护,公司的处境有了很大的改观。

俗话说,当赏不赏,是为弃权,当罚不罚,是为养奸。胡萝卜与大棒子并用的管理方式不仅是现代企业领导者管理人力资源重要的手段之一,更是古代帝王常用的管理方式。

齐威王于公元前356年即位,以后的九年间,一切朝政都委托大臣管理,自己从不过问。周围各国知道了这种情况,便不断侵犯齐国的边境并占领领土,威王也不加以理会。可是九年后,他却忽然召见即墨的大夫说:"自从你担任即墨的大夫以来,几乎每天都可以接到诽谤你的报告,可是经我派人调查即墨的情况,田野不断地开拓,人民的生活富足,衙门事务也处理得有条不紊,使我国的东方边境没有任何危险的事情发生。为什么会这样呢?这是因为你尽心治理即墨,从未贿赂我身旁的大臣的原因。"

说完,威王赐给他一万户的封地作为奖励。接着,他又召见了阿地大夫。

"自从你担任阿地的大夫以来,天天都有称赞你的话传入我耳朵中,可是当我派人去调查阿地的实际情况时发现,不但田园荒芜,人民也贫穷得无法为生,且在鄄被赵国攻打时,你并未派兵去救援,就连卫攻占薛陵的时候,你也毫不知情。虽然我不断听到对你的赞扬,但这正表明了你在贿赂我身旁的亲信。"

威王在严厉地指责后,将阿地的大夫及身边接受贿赂的亲信一一处罚。

在采取这些赏罚措施之后,齐国的众官员对威王信服不已,此后个个尽忠职守,齐国因此逐渐地强盛起来,齐威王本人也因此被世人称道。

对有过错的人进行惩罚,同时对有功之人进行厚赏,惩罚与奖赏这两个重要手段,途径相反,但最终目的一致:一方面赏的激励能让员工对付出与得到更敏感,因为一旦员工付出了努力得不到相应的奖赏鼓励,那么他们会对自己付出的意义感到怀疑,从而导致积极性下降甚至丧失。另一方面,罚的威胁可以让那些本不打算好好干的人有所忧惧,想到将会有的惩罚,也就不敢太过放肆。

中国有句古话叫"打一巴掌,给个甜枣"也是这个道理。所以,赏与罚,胡萝卜与大棒子并存对于员工管理有举足轻重的作用,直接关系着部门甚至企业的经营好坏。要注意的是,赏罚要分明,奖的不分明,员工骄傲与兴奋会即刻减弱,罚得不分明,即使赏得再周到也不会有什么大的作用,反而会产生"干得好坏都一样"的消极影响。

所以身为领导必须深谙有赏有罚、软硬兼施的管理之道,胡萝卜与大棒,双管齐下,才是管理的最高境界。

甄嬛的用人策略:

甄嬛在察觉侍女浣碧对自己有异心后,利用蜜合香测出浣碧背叛的事实,甄嬛一面严厉斥责,一面又许浣碧为她筹谋嫁一官宦,并接她的娘入甄家族谱,收服浣碧;

后在自己哥嫂入宫拜见时,甄嬛又以羊脂白玉扳指亲情相赠,让浣碧彻底打消异心,死心塌地跟随自己;

甄嬛设计除了前内务总管后,姜忠敏接任,姜知晓自己的提拔是因为甄嬛的缘故,所以在甄嬛筹谋蝶幸时姜忠敏提供她所需要的一切物件,成功助她复宠;在甄嬛想要明白"欢宜香"的秘密时,姜忠敏也设法提供给她;

回宫后,甄嬛觉得柔仪殿新成,要给下人立赏罚分明的规矩。让槿汐拿银子赏那做桑寄生杜仲贝母汤的厨子,做奶油松瓤卷酥的暂不必罚,只叫他长着眼色。

杀鸡吓的不止是猴

相传猴子是最怕见血的,从前一个耍猴人买了一只不听话的猴子,无论如何调教,猴子总是自顾自地玩耍,不听艺人指令,艺人十分生气,决定让猴子看看血的厉害,以便逐步进行教化。于是就到市场上买来一只公鸡,对它不断敲锣打鼓,公鸡吓呆了,艺人乘机拿刀杀了公鸡,雄鸡一声惨叫,鲜血乱冒,坐在一旁的猴子全身瘫软吓坏了。从此,只要艺人说什么或敲锣打鼓,猴子就会毫不含糊地执行艺人的指令,这就是杀鸡儆猴的来由。

所谓"杀鸡儆猴",即是"杀一儆百",杀鸡是为了让猴知道不听话的下场,对猴子有威胁恫吓之意,这是一种权术,也是驭众手段。就管理手法来说,在意见纷纭、工作受到许多阻挠、违反公司明文规章制度的时候,为使思想一致,制度能够落实执行,非以严厉手段对付不可,这时不得不以"杀鸡儆猴"的手段进行管理,起到"惩罚一个,教育一大片"的作用

"杀鸡儆猴"的管理手段在关键的时候非常有必要。虽然在很多时候并不一定非得使用"杀鸡儆猴"的手段才能解决问题,但是一旦使用一般都会起到立竿见影的效果。

Abby能力出众,市场开拓眼光独到,所以深得老总信任,被提拔为公司市场部总监。Abby上任后根据对全国市场的全面调查结果,决定把公司的项目发展到西部一些地区,以尽快占领西部市场。决定出炉后,大家一致认为市场部的一位高级经理是最适合担当西部市场开发任务的最佳人选。他不但有着丰富的业务经验,而且有着成功开发项目的经验,所以,一致研究决定,让这个经理负责带领一部分人负责西部地区的项目开发。但是这个经理在接到这个研究结果的时候拒不执行,而且经挑选跟随他去西部的这部分员工也怨声载道,都不愿意接受这项任务。他们的理由跟高级经理如出一辙,都是因为自己是南方人,不适应西部地区的生活,而且那里离家太远,不方便照顾家里人。

高级经理之所以敢于明确拒绝公司安排的任务，是因为他知道自己曾经给企业立下过汗马功劳，而且他将自己的这些功劳作为资本，曾经的成绩就是他现在拒绝的砝码。而手下这部分人之所以敢拒绝是因为他们觉得既然高级经理作为负责人都不想去，那我们更是不想去了。所以，Abby 的这项决定处于了僵持阶段。

　　时间就是一切，必须抢在竞争对手的前面占领西部市场，这项关系市场部发展未来的决定必须执行。Abby 慎重考虑后，决定对这个经理进行免职处分，只有杀鸡才能儆猴。Abby 的意见出来后，很多人表示反对，大家都劝说，如果这样将经理免职的话，会伤很多老员工的心。但是 Abby 坚决表示，如果不执行这样的规定，企业就没有了规矩，项目没法执行，员工更是没法管理。最后，这个高级经理被免掉了，挑选去西部的这部分员工最终也乖乖地跟随另一位能力出众的市场经理去了西部。

"杀鸡儆猴"不仅是有效解决下属不服指令的手段，也是增加管理者威慑强度的方法。所以我们常说"新官上任三把火"，这"三把火"无非就是杀鸡儆猴，先找个厉害的角色开刀，唯其如此才能有效地震慑他人。武松打虎之所以威震阳谷县，就是因为老虎是个厉害的家伙，别人都怕它，如果武松打死的不是虎而是只猫，他绝不可能如此威名大振。古人云："劝一伯夷，而千万人立清风矣"。也是一样的道理。

　　汉朝的韩信，出身寒微，自被刘邦筑坛拜将后，一班老臣武将更是不服，背后议论纷纷。这些韩信心里十分清楚，他决定杀一儆百，树立自己的权威。

　　殷盖和马夫行为态度恶劣且常犯军令，蔑视上级而被处斩。从此，各将士不敢再犯军令，死心塌地听从韩信指挥，这以后才能逼死项羽于乌江，为刘邦打下了天下。

如何处置不称职的员工，这一直是让一些管理者头疼的问题，因为任何企业在任何时间都可能养一些不称职的员工。对众多不听话的下属，你不可能全部惩罚，只能抓住一个典型，所以管理者应该注意观察，逮住一个并立即从严予以处置，开一开戒使大多数人警惧，这也是"杀一儆百"之所以有效的道理所在。

　　人们养鸡是为了让公鸡伺晨、母鸡下蛋，如果公鸡不伺晨、母鸡不下蛋，就如同下属拿了工资不干活一样，不杀它留作何用？所以如果猴子光吃东西不按驯兽员的指令完成动作,那么适当的时候让它看看杀鸡也算是一种警告吧!

甄嬛的用人策略:

甄嬛失宠时,宫内太监康禄海、小印子心生异心:小印子受妙音娘子教唆与宫女花穗毒害甄嬛,甄嬛当着阖宫的宫女太监的面惩罚花穗、小印子,后小印子被赐死,甄嬛杀一儆百,让小人知道吃里扒外的下场;

秦芳仪在甄嬛失宠时,羞辱她,甄嬛复宠后在曹婕妤和秦芳仪面前让槿汐读吕后人彘的故事,吓昏秦芳仪,震慑曹婕妤,警示她学良禽择木而栖,果然收复曹婕妤为己所用,揭发华妃罪行,成功扳倒对手华妃;

吓疯秦芳仪之举也是杀一儆百,提醒那些见到自己落魄就欺凌到她头上的嫔妃,给她们前车之鉴;

祥嫔与福嫔争宠,甄嬛以糙米珍珠汤教训祥嫔以压后宫争轧之风,一举在后宫树立威信并得太后赞赏。

用好下属，借人成事

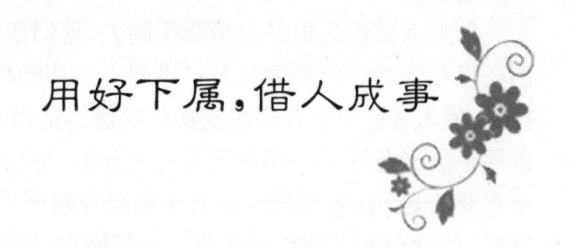

据说南宋时期，江西一带有山贼叛乱，当地县令名叫黄炳，为了平定叛乱，调集了大批人马，严加守备，准备清晨随时应战。就在开战前夕，有人来禀告说："士兵们到现在还没吃饭，肚子空空的怎么打仗？"黄炳为此苦恼不已。此时，县令夫人出来胸有成竹地对大家说："你们尽管出发吧，早饭我随后就送到。"。

县令夫人并没有开"空头支票"，她把想法跟县令说后，县令顿时喜上眉梢，于是两人立刻带上一些差役，抬着竹箩木桶，沿着街市挨家挨户叫道："知县老爷买饭来啦！"当时城内居民都在做早饭，听说知县亲自带人来为平定山贼的士兵买饭，便赶紧将刚烧好的饭端出来。黄炳和夫人命手下付足饭钱，将热气腾腾的米饭装进木桶就走。

士兵们既吃饱了肚子，又不耽误进军，最后还打了一个大胜仗。县令夫人没有亲自捋袖做饭，也没有让县令兴师动众劳民伤财，她只是借别人的手，烧了自己的饭，借人之力，成了自己之事。

很多企业都有这样一种现象，就是办公时间里很少能够看到精明能干的总经理、大主管的身影，他们更多的时间可能花在对外应酬或拓展市场上。但是公司内部的运行却丝毫未受到影响，业务仍然像时钟的发条机制一样有条不紊地进行着。很多人对这种现象很奇怪，都不明白究竟是什么能让他们做到这样的省心？他们有什么秘诀能做到管理放手？其实，领导者的秘诀很简单，他们善于四两拨千金，懂得利用别人的力量来获得事业的成功。

就连钢铁大王卡耐基都曾经在预先给自己写好的墓志铭上说："长眠于此地的人懂得在他的事业过程中起用比他自己更优秀的人。"

俗话说，一流的人才讲借力，二流的人才讲转型，三流的人才讲执行。借力而行是一个人为人处世成大事的最高境界，是促使人完成自己使命的有效途径。

犹太人被称为世界上最聪明的人,他们依靠智慧赚取大量的金钱。他们一直奉行的经营理念就是:"世界上一切的事情都可以靠借,借资金,借技术,借人才。一个人要想成功就要懂得把借来的这些为自己所用。这个世界早已准备好了一切你所需要的资源,你所要做的除了寻找它们之外,更重要的是,让智慧把它们有机地组合起来。"犹太人是善于借用别人之"势",巧借别人之"智"的典范。他们懂得:虽然做任何事情都不可能一步登天,必须一步一个脚印,但是,"取得成功"的办法却多种多样,只要办法得当,便可快捷省力。巧于"借力",精于"借势",是成功的一大诀窍。

在企业里,作为一个团队的领导者,要想在事业上获得成功,除了靠自己的努力奋斗之外,也需要借助他人的力量,才能平步青云或扶摇直上。"好花须有绿叶扶","好汉须有朋友帮",管理者最大的智慧莫过于博采众人的智慧,最高的才能莫过于运用众人的才能。从古及今,所有成功的风云人物有一点是相同的:他们都善于借力而行。

上海的宜家家居相信很多人都去逛过,但并不是每个人都能留意到,宜家里来来往往的大量人流其实是可以成功致富的一种力量。

田园家饰专卖店"屋语"的经营者张小姐就是借助这股力量成就了自己的事业。原来张小姐之前在一个非常热闹的区域租下了一个铺位,进行着田园家饰的试营业。但是那里虽然有较大的人流,但自己家的商品反响一直很一般,生意始终不太好。后来张小姐发现,宜家的人流一直不断,但凡正在装修之中的家庭,都会走进宜家,多多少少采购一些家居装饰中的用品。宜家的风格以欧美为主,来逛商场的许多都是白领人士,而自己家的田园家饰属于英伦风情,与宜家商品既有共通之处,又可以起到相互的补充,那些白领也正好是自己家的目标客户。有了这个想法,张小姐马上把小店迁到了宜家附近,果然,小店一下就摆脱了原来的颓势,靠借助宜家人流的力量,实现了一个月15000元的营业收入,小店从此风生水起,张小姐也实现了自己事业的成功。

聪明的人都懂得通过借力实现利益的最大化,在现实生活中,奉行"万事不求人"的人实质是很愚蠢的,人的真正本事不是自己有多大能力,而是能够获得多大的支持力量。

《红楼梦》中的薛宝钗拥有公认的好口碑。在贾府上下,她得到的赞誉之词最多、最鲜明。她自信,能干,易于合作,善于解决问题,是一个通晓管理之道的人。她曾经填过一首《柳絮词》，其中有一句写道"好风凭借力，送我上青云"。她没有像常人那样贬低飘浮无根、无所附依的柳絮，反而用肯定的态度对其做了赞美，赞美柳絮善于借风的力量走上云霄。很多红楼迷都认为柳絮更像是她个人志向的一种写照，因为她熟谙世故，城府极深，喜不形色，能驾轻就熟地周旋于贾府复杂的人际关系中，并能以退为进赢得贾府下人的爱戴，并以此取悦取信于贾府的统治者，最终在大家的交口称赞中取得了宝二奶奶的地位。

好风凭借力，送我上青云。在职场中，一个人是唱不了大合唱的，必须借力而行，借人而成。俗话说："独木不成林"，"一个好汉三个帮"，身在管理层的你不仅要善于借助上级的力量，而且要善于借助同级的力量，下属员工的力量。只有这样，你才能真正顺风顺水、顺畅圆满地完成工作任务，赢得上上下下的好评，最终使自己心情舒畅，事业有成。

孤军作战，只会是一场孤单的独角戏。

甄嬛的用人策略：

眉庄假孕被禁足后，甄嬛利用浣碧和曹婕妤，计诱华妃以为自己私探眉庄而大举搜宫，让华妃失去恢复协理六宫大权；

甄嬛香赠曹琴默，利用曹琴默成功试出浣碧背叛的真相，把握主动权；

华妃眼见甄嬛得宠，便设计让皇帝玄凌纳自己近身侍女乔氏为采女，增加羽翼巩固恩宠；

甄嬛在玄凌暴怒下揭出水是皇后备的有问题，皇后身边宫女染冬承认水为自己所备，为皇后脱险；

皇后为了使贞妃落胎，故意以荣赤芍吸引玄凌注意，刺激贞妃；

安陵容在眉庄有孕时，借故让自己的宫女将甄嬛与温实初滴血认亲的消息传到眉庄耳中，诱使眉庄看到温实初为了证明自己和甄嬛是清白的而自宫的场景，惊动了胎气，生下予润后血崩而死，安陵容趁机除掉眉庄。

用合适的人，做合适的事

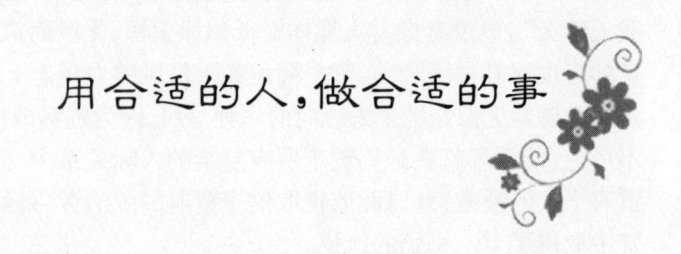

"一个多么好的计划，怎么执行起来却出现这样的结果？""他看起来能胜任这项工作，为什么到头来搞得一团糟？""要是当初换××负责这个项目，现在就不用仓促'救火'了。"

我们经常听到一些管理者发出这样的抱怨，计划执行失败，仓促调人救火，项目资金浪费，让他们的身心陷入疲惫之中。但是，怪人不如省己，细究起来，其实是他们在用人上犯了错误，忽略了"让合适的人做合适的事"的用人准则。

作为一个企业或团队的领导者，无论你管理着多少人，如果忽略或背弃了这一准则，那么你做起工作来一定非常累，而且也非常费心。

"世界第一CEO"杰克·韦尔奇是这样评价这一准则的："让合适的人做合适的事，远比开发一项新战略更重要。这一宗旨适用于任何企业。"他深有感触地回忆说："我在办公室里坐了多年，看到不少似乎很有希望却从来没有任何结果的策略。我们曾经有过一个关于超音速的很好的计划，但是，直到我们找到了一位这方面的专家，才使这个计划得以实施。在飞机引擎、动力能源和交通运输方面，我们有着多年的服务策略，但是，在我们找到一位有勇气打破陈规的人来领导这项事务之前，服务一直是'二等公民'。"

联想控股总裁柳传志则这样说："如果有一个项目，首先要考虑有没有人来做。如果没有人来做，就要放弃，这是一个必要条件。"

这些顶尖级的管理者都明白一个道理：人选比人才更重要，合适的人比合适的项目更排前。即使你有世界上最好的项目，有世界上最好的策略，而且具备充裕的物力支持，但是如果没有合适的人选去执行，去发展，这种策略只会"光开花不结果"，项目会难以成功。

当你坚持让一个并不合适的人去执行一项正确的策略时，你会发现事情并不如你期望的那样发展，通常他通达的不是成功，而是泥潭。此时身为管理者的你不得不为你错误的用人方式埋单：变成"救火小队长"，被引发的种种问题搞得手忙脚乱,也难以挽回损失。

据说美国一家化学公司曾遇到了一个很好的扩展机会,他们准备在发展中国家开设一家分厂。经过严格的选址考察后,他们最后决定将这个分厂设在印度。

那么究竟派谁去负责印度的市场开发呢？领导者从分散于世界各地的分厂中寻觅人选,最后选中了两位:佛尼斯,目前负责公司位于巴西的工厂的技术部门,他的最大特点是技术过硬,专业实力强;另一位是斯帕西,目前已经54岁了,一直负责公司总部的事务,有一定的管理才能,但从未表现出在开拓市场方面的能力。最后,经过对比,他们选中了佛尼斯,因为领导者觉得他精通技术,而且最重要的是有在发展中国家工作的经验。而斯帕西虽然有一定的管理才能,却从来没有开拓过新的市场区域。

但是让领导者大感意外的是,让他们满怀希望的佛尼斯上任后的表现极其糟糕。他虽在巴西待过几年,但对印度的情况却毫不了解,而且印度和巴西市场本身就有很大区别。他无法处理承包商的要求,很难申请到许可证,无法解决与工会之间存在的分歧,甚至找不到自己需要的技术人才。最后虽然由于工程延期,工厂的开工远远超出了预定的期限,但最终还是投产了。可投产后产品销路的问题又接踵而至,这让公司在印度的投资陷入了被动局面。

事后负责甄选人才的领导为自己的错误决定检讨时说:"虽然佛尼斯的履历表上到处都闪着耀眼的光环,但我们都忽略了他只是一名技术人员,他并不具备足够的管理才能——他之所以在巴西表现优异,在很大程度上是由于他在那里只管理着技术部门,而不是整个公司。我们的失败在于我们用人上的失误。"

这个案例充分说明了"让合适的人做合适的事"的重要性,验证了让一个并不合适的人去执行一项正确的策略是很危险甚至是徒劳的事情。这只会给做出决策的领导者留下一个难以处理的烂摊子,让拍板的人挠头不已。

让合适的人做合适的事,关键是找到适合执行的人选,这个人选具备与执行某项任务相匹配的能力,也就是要知人善任,人尽其才。这就要求身为领导者的你了解熟悉自己的下属,从性情到工作能力,都要悉数掌握,从而知道下属适合做什么,能做好什么,这才能保证让合适的人做合适的事。

了解下属，可以从三个方面进行，一是通过绩效考核，从中可以了解下属的业务能力以及别人对他的评价，知道他的优点和缺点。二是亲自跟下属沟通。坚持通过各种渠道跟下属交流沟通，在这个过程中，根据下属的表现和反应，你会撕开下属的伪装，认识到下属更真实的一面，判断出下属在哪个方面是个人才，最适合干什么。三是多观察，看下属平常工作中面对各项事物表现出的工作状态，了解他们的兴趣点，辨识他们对哪些工作兴致很高，哪些让他们感觉无趣，这比分析研究员工的绩效数字更重要。通过这些信息，你能很准确地判定哪些人适合做哪些工作。

去过寺庙的人只要细心就能发现，一进庙门，首先看到的肯定是满脸笑容、亲切和蔼的弥陀佛，而在他的北面，则是黑口黑脸让人望而生畏的韦陀。但相传在很久以前，他们并不在同一个庙里，而是分别掌管着不同的寺庙。

弥陀佛总是热情快乐，满面笑容，所以来拜见的人非常多，但因为他天生乐观，大大咧咧，什么都不在乎，经常丢三落四，没有好好的管理账务，所以尽管香客众多，却依然入不敷出。而韦陀虽然管账是一把好手，但成天阴着个脸，太过严肃，搞得来拜见的人越来越少，最后香火断绝了。

佛祖在查看香火供奉情况时发现了这个问题，便决定将他们俩放在同一个庙里，由弥陀佛负责公关，笑迎八方客，保证香火大旺。而韦陀铁面无私，锱铢必较，则让他负责财务，严格把关。于是在两人的分工合作中，各自负责自己擅长的工作，庙里果然一派欣欣向荣的景象。

佛祖可以说是最擅长识人用人的大师了，现代企业的管理者也一样，只要懂得了识人和用人，你就能从烦琐的事务中解脱出来，轻轻松松的，甚至无所事事。只要企业或团队完全在自己的掌控之中，业绩也会保持良好的增长。就像卡耐基，他虽被称为"钢铁大王"，却是一个对冶金技术一窍不通的门外汉，但他总能找到精通冶金工业技术、擅长发明创造的人才为他服务。比如，世界上出色的炼钢工程专家之一比利·琼斯，就终日在位于匹兹堡的卡耐基钢铁公司埋头苦干。他的成功就像他自己说的："我不懂得钢铁，但我懂得制造钢铁的人的特性和思想，我知道怎样去为一项工作选择适当的人才。"

所以卓越的领导者就好比小说中的用毒高手，自身武功不高，但是却因为深谙毒性，懂得运用不同的毒对付不同的人，让很多武林高手都栽在他的手上。

当然，职场中选用合适的人，并不像小说中用毒那么简单，更不能率性而为。如果有重大的项目需要发展，当对下属进行各种考察后，仍然找不到合适的人选，这时一定不要勉强把某个人推到某个位置上，要把眼光转向外界，从外面寻找人选，如果依然找不到合适的人选，那就要先放弃，切忌赌一把。反之，你就会陷进去，为此付出代价。所以，没有合适的人选，有机会也不做，有了合适的人选，找机会让他们做。这就像谈恋爱，谈来谈去没找到合适的，心一软，随便找个结婚，等碰到合适的对象，那杯苦酒只能自己喝了。

甄嬛的用人策略：

在眉庄被陷害假孕遭到禁足后，甄嬛委托自己曾经的教习姑姑如今在御前办事的芳若悉心照顾眉庄；

让有拳脚功夫的小连子扮鬼魂恐吓丽贵嫔，使丽贵嫔被吓得神志不清时揭露出华妃对自己的毒害；

拉拢华妃心腹曹婕妤，在华妃失势的时候，让曹婕妤揭发华妃毒害温仪、策划淳滨之死、私交外臣、眉庄假孕等罪行，最终让劲敌华妃被打入冷宫；

在皇后提出槿汐李长之情，将二人打入暴室时，甄嬛请玄凌最信服的贞妃徐燕宜相助向玄凌进言放了二人；

汝南王责打言官称病不朝，朝政不稳时，甄嬛建议皇上用汝南王妃劝诫汝南王，平息事端，缓和朝政；

甄嬛知道安陵容身边宫女鸢羽儿侍寝后因安陵容的压制而未得晋封，便教鸢羽儿日日摘狐尾百合讨好安，并在安陵容生辰之日，以凝露香混入狐尾百合花苞，借鸢羽之手放入安陵容寝宫，使安陵容因与玄凌房事而流产五月大男婴，失去生育能力；

玄凌对长相像纯元性情似华妃的玉娆有意，甄嬛便借玉娆之口告诉玄凌，玉娆因管溪负情终身不嫁及甄府蒙冤真相，所以玄凌准甄嬛让顾佳仪进宫查问甄家蒙冤一事；

连祺嫔亦懂得以甄府旧仆玢儿、甄宫中宫女裴雯、静白等人指证淑妃与温实初私通，让众人信服。

论资排辈，重视元老人物

《红楼梦》中有这样一段情节：凤姐因为操持家事劳累过度造成流产，一时之间贾府无人打理。贾府的女主人王夫人便叫李纨、探春与宝钗协助自己管理家务。这些年轻人上任后，凤姐手下的资深干将们个个不服，觉得李纨是个好说话的菩萨容易糊弄，探春是个没管过事的小姐经不起事，而宝钗又是外面的亲戚，肯定拿不出颜面来管理这些事情。所以个个都抱着看笑话的心理，并想出种种方法来试探和刁难她们。

一天，资深干将之一吴新登的媳妇过来禀报探春和李纨：赵姨娘的兄弟死了，这事已经汇报给王夫人，现在过来请示她们怎么安排。要在平时凤姐打理，对凤姐心服口服、言听计从的吴新登的媳妇一定会极力讨好，还会开动自己的很多思路，为凤姐出谋划策，还会拿以前的案例做参考，可是如今她却一言不发。因为她知道，赵姨娘是探春的亲生母亲，如何合理发放抚恤金是个麻烦事。如果探春她们处理得当，以后当家大家也许会心存敬畏；但若有不当之处，大家不但不畏惧，还要编出许多笑话来取笑她们，让大家说她们办事不力，不能胜任管理家事的工作。

果然，李纨比较好糊弄，决定给四十两，但探春却立刻要求拿出旧例进行对比，并按照规定给了二十两抚恤金。

这事如果是凤姐处理，肯定也会这么办，大家也都不会说什么，可是赵姨娘却在吴新登的媳妇这帮资深管家的教唆下对探春的处事大为不满，认为亲女儿就应该"拉扯"自己一把，并跑来找探春大哭大闹。

其实，这些资深管家之所以这样百般刁难新上任的新人，无非是因为觉得自己的能力和资历都在她们三人之上，对老太太提拔她们来管理自己心里不甘，想找茬闹闹事而已。

在现代职场中,也普遍存在这样一种现象:资深老员工面对"空降兵"的年轻领导,会从内心感觉到自己的既得利益和地位受到他们的威胁,所以会对新领导的工作产生一种排斥抵触的心理,在工作中难免有意无意地设置一些障碍。所以新领导与老员工能否融洽相处,就成了新领导开展工作面临的最大问题。

很多人刚上任,年轻气盛,一方面觉得自己是领导,能力强、职位高,就要拿出领导的范儿;一方面看不惯老员工倚老卖老、不服从自己管理的一面,便决定新官上任三把火,想要把这些老员工当"毒瘤"给清除掉,结果往往适得其反。清理老员工让其他员工觉得新领导不讲人情,鸟尽弓藏感到心寒而生跳槽之心。更有甚者,在新老势力的冲突中,老板们的天平一旦倾向老员工,那么最终被清理的很有可能是刚上任的这位新领导。

据说古代某国有这样一种习俗,就是人到老的时候都要被遗弃到深山里去,因为国王觉得他们老了,为国家做不出什么贡献了。有个大臣实在不忍心把老父亲遗弃,就在家里挖了个秘密地窖,把老父亲藏在里面。后来,这个国家被另外一个国家打败了。战胜国的国王对这个国家的国王说:"我有两个问题,如果你们能回答出来,就撤兵;如果答得不好,就把你们国家的人都杀掉!第一个问题:怎么区分两条蛇的性别?第二个问题:两匹长着同样颜色、一样大小的马,哪一匹是母马,哪一匹是小马?"这个国家的国王回答不上来,就在全国悬赏答案,可是没人能答出来。后来,那个大臣到地窖问他的父亲。老父亲说:"把两条蛇放在柔软的地毯上,四处爬动的是雄性,静止不动的是雌性。给两匹马喂点草料,母马会把草料推向小马。"两个问题都得到了圆满的解答,这个国家因此得救了。当得知答案是出自大臣的老父亲时,国王非常感激。从此以后,国王命令所有的人都要尊敬和善待老年人。

故事里的老父亲就如同企业里的资深老员工,关键的时候他们的学识和阅历也许能拯救一个企业王国。

其实,新人领导面对资深老员工的种种刁难,最重要的是有一个好的心态,既然身在其位就要懂得放下姿态,首先要考虑的是如何领导好这个团队,怎样去挖掘他们自身的优点,如何化解资深员工的敌意。更重要的是,重视他们,尊重他们,发展他们为自己所用。

毕竟资深员工在公司工作多年,对公司的企业文化、管理制度等,都有相当程度的了解，他们的提点可以让新人领导避免"重蹈覆辙"，也可避免经历不必要的挫折。他们的经验与才能，不但是公司的一大资产，更是一本活用的字典。他们的想法、见解以及处理事情的方法都经过公司多年的锻造，更符合公司要求的工作方式，所以更能给新人领导很好的协助。

电影《锦衣卫》中，贾精忠派出一堆锦衣卫追杀青龙，摆出的锦衣卫大阵被青龙轻松化解，青龙非常有型地表示，"你们知不知道这个阵就是我创的！"所以在职场中永远不要轻视任何一位前辈，他们混的年头多，就一定有比你强的地方。

所以新人领导想要做好工作，切忌不能逞一时之威风，抱有让员工看看谁更厉害的心理。要多发挥老员工的优势，用情理去打动他们；用智慧和真诚与他们交流，而不是咄咄逼人。

首先，上任伊始，要对老员工的工作和能力表示认可，可以将他们树立为员工的工作典范，通过这种方式刺激和提升老员工的工作热情，最大限度消除他们对自己的敌对与排斥感。

其次，在讨论部门决策和发展方向时，要多倾听资深老员工的意见，给予他们足够的建议权。还要敢于对老员工授权，让他们多负责一些管理方面的事情。对那些对自己的管理心有不甘有情绪的老员工应给予宽容和理解。

另外，最重要的是要让自己的能力在得到上级认可的同时，也要得到下级或同级的认可，叫大家心服口服。

甄嬛的用人策略：

尚未入宫时便善待自己的引教姑姑芳若，眉庄被禁足，芳若姑姑帮忙斡旋华妃，离宫后芳若帮忙传递宫中信息，从芳若那儿得知太后怜悯徐燕宜（贞妃），所以借机为徐燕宜（贞妃）求情解除禁足，果然得到太后称赞贤惠；

入宫后重视皇后身边心腹侍女剪秋、绘春，敬重太后身边的孙姑姑，得到太后赞赏；

甄嬛回宫后，皇后挑拨敬妃与自己的关系，甄嬛与敬妃交心剖白，尽释前嫌，将胧月仍托付敬妃继续抚养，并告知其多年不孕的原因为皇后陷害其与华妃同住，使得敬妃对皇后恨之入骨，坚定立场与甄嬛同盟。

领导的心腹 VS 你的心患

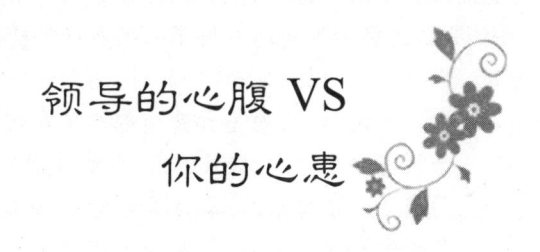

电视剧里经常看到这样的桥段，某个落魄的人为了得到升迁，必定会倾家荡产凑够银两，然后供奉给握有升迁大权的领导边上的心腹，只为求他给自己在领导面前"美言几句"。几句美言真的值得用上倾家荡产的代价吗？如果仅仅把那些银子跟几句美言画等号的话，那就大错特错了，他们花费银子买的不是话语，而是心腹在领导眼中的分量！由此可见，心腹能发挥的能量有多大。

通常办公室里每一位领导身边总免不了有一些红人，也就是领导的心腹、耳目，或者深得领导宠信的人。这些人也许并不是因为某种特殊能力或个性而受到领导的青睐，但却是领导的贴心小棉袄，他们有可能是老总的旧日同窗，可能是童年伙伴、邻居，或者是老总太太的姐妹，也许他们谁也不是，只是善于揣摩领导心思，被领导称为肚子里的蛔虫似的人物。总而言之，他们是"上面有人"，而且"被人罩着"的人。

他们因为长期活动在领导的周围，懂得如何满足领导的需求，同时他们是领导获取"基层消息"的途径，是帮助领导获取信息和控制人心的有利工具，也是领导出现错误时的承担者，还为领导担负机密重大甚至见不得人的任务。比如后宫大戏《宫心计》中姚金铃的心腹钱飞燕，她网络信息、"密约太医"，在需要的时候承担错误，是姚金铃的股肱之臣和左膀右臂。

这些人通常让人看得眼红、恨得牙痒。但是你又无法小视他们，他们是办公室里的一个特殊团体，如同一个雷区，处理不好可能直接影响你在公司的发展。不过凡事有利有弊，如果你能打点好与他们之间的关系，那么对于你的发展来说也不无好处。

在职场中，想要得到更大的发展，就要懂得争取和这些人友好相处，得到他们的认同，因为他们具有"传声筒"的作用。一方面，你可以随时从他们那里了解领导的真实意图和职场信息；另一方面，在适当的时候，他们会不失时机的为你"美言"几句，帮你在领导眼中加分。关键的时候，他们还能摇身一变成为你晋升的桥梁。所以混迹职场,如果能让这些人为自己所用,那么无疑于为自己开掘了一条升迁的捷径。

三国时期,曹丕和曹植都想争夺魏王世子的宝座,曹植是一个很有才华的人,文采过人,自幼得到父亲的宠爱,他也深知自己的父亲爱才惜才,又是一国的君王,所以恃才傲物,不屑于跟父亲身边的长辈拉关系,把其他人都不放在眼里,对父亲身旁的那些人也不理不睬。然而曹丕就不同,他知道自己的才华比不上弟弟,于是就下决心在其他方面努力,平时对父亲身旁的每一个人都非常尊敬,并经常虚心地向他们请教,而且每每为曹操送行时,他常常一语不发,扑在曹操身边大哭,不舍之情感天动地,曹操虽然觉得他天赋不高让自己失望,但是每次见此也都感动不已。日子长了,曹操身边的很多亲信之人都觉得曹丕懂得尊重人,都愿意帮助曹丕夺得世子的位置,甚至连曹操的一个宠妾都为他说好话。在大家的强力推荐下,曹操虽然觉得曹植有才华,但是曹丕更得人心,所以最后还是决定将曹丕立为世子。而曹植最后的结果不过是留下了"本是同根生,相煎何太急"的悲叹。

我们从这个典故里可以看出,曹丕在争夺世子位置过程中的做法要比曹植高明得多,他善于调动各方面的人为自己说话,不仅有曹操信任的心腹,还有父亲宠爱的小妾,总之都是最能够打动曹操的人。正是他善于与各种不同的人搞好关系,所以凭此打败了曹植。因此说,和领导身边的人搞好关系,让他们帮你说话,这样,你就更容易打败竞争对手。

但是如何才能得到他们的青睐,让他们成为愿意为你说话,为你所用的人呢?俗话说得好,当人人都想获得青睐时,青睐就立马变成了稀缺资源。青睐的发放者,就有了操纵他人情绪和欲求的空间。领导的心腹属于领导得道自己跟着升天的类型,所以你想要得到他们的青睐和帮助,也需要结交的技巧。

首先,要细心观察,看他们有什么样的特点,不要表现得迫不及待地想接近他们。因为想跟他们拉关系的人太多,有时太急功近利,说不定会弄巧成拙。所以,因为平时跟他们的相处中最好以平常心对待他们,观察他们的一言一行,多方打听他们的兴趣爱好和经历等,等了解清楚了,就可以开始行动了。向他们表示友好,可以表示自己也有同样的兴趣,来拉近彼此的距离;当他们有困难需要帮忙时,一定要全心全意地帮他们,虽然可能需要付出时间、精力,甚至是金钱,但从长期来看,受益是无穷的。他们在老板面前的美言会让你在这个单位中晋升容易得多。

记住,即使不能与他们拉近关系,也一定不能和他们发生正面冲突。公司里,有些人会因为业务突出,觉得自己有几分才干,只要一心扑在工作上,创造出非凡业绩,就可以使自己在公司如鱼得水,不用看领导心腹的脸色过日子,也不用忌惮他们。实际上并不是这样,时间一长他们会发现,也许只是偶尔的一次失误,就会使自己无可奈何地充当上业务稀松的领导心腹的手下败将。

所以与领导们的心腹交往,即使做不到巴结,也至少不要得罪他们;即使他们没有可取之处,你至少也要在表面上对他们表现出一定的尊重。毕竟一时的忍可能换来的是长久的好处。

甄嬛的用人策略：

李长是玄凌身边的贴身内侍,甄嬛倍加恩待,所以第一次失宠后李长想法引领皇上去倚梅园助甄嬛复宠;甘露寺怀孕,筹谋回宫,深知收买李长最好的办法,不是金帛也不是利益,是默认心腹槿汐与李长对食,得李长引玄凌以正月上香为名至甘露寺与其重拾旧好;

皇后利用李长与槿汐对食一事大动干戈,想铲除甄嬛羽翼,甄嬛奔走设法救出槿汐,言语暗示李长敌友之分;

孙姑姑为太后身边随侍,芳若为皇上御前之人,甄嬛亦礼遇对待。

卑贱如安陵容,没有家世背景,没有绝世美貌,但却一直荣宠不绝,屹立不倒,便是皇后的提携。

荣耀来了,别吃独食!

职场中流传着一条不成文的潜规则:你必须与集体分享个人成功。因为所有人都是蜡烛——要点燃自己并且照亮别人,如果你只照亮自己,你的前途将一片黑暗;如果你只照亮别人,你将成为灰烬。

这条潜规则的意思不言而喻,当自己站在荣耀顶峰的时候,不要忘了跟大家一起分享这份成功。如果一个人独享成果,必定引起其他人的反感,结果只能是从顶峰跌落,回复到一片黑暗之中。

当你领导一个项目完成的时候,如果项目做得漂亮,外界的掌声、关注肯定少不了,权力和利益也可能随之而来。聪明的领导者都明白,此时凡是出过力的人,都要让他们觉得"与有荣焉",能跟他们一同戴上成功的美丽花环。毕竟他们的成功,有你的领导,你的成功,应该让他们分享,让自己团队的每个人都能尝到成功的甘美。

我们知道,在团队中最重要的是团队合作精神,团队的成功,就是大家的成功。身为团队的领导者,在工作中应尽好自己的本分,与大家同心协力。创造一种"双赢"的局面,毕竟团队的成就,也就是你的成就,只有抛开自我的人,才能获得团队成员彼此高度的信赖感,这个团队才能一致为整体的目标奉献力量,使团队更加出类拔萃,大家共享成功的幸福和荣耀。

美国有个家庭日用品公司,近几年来生产发展迅猛,利润以每年10%—15%的速度增长。这是因为公司建立了利润分享制度,把每年所赚的利润,按规定的比例分配给每一个员工。这就是说,公司赚得越多,员工也就分得越多;员工明白了"水涨船高"的道理,人人奋勇,个个争先,积极生产自不用说,还随时随地检查出产品的缺点与毛病,主动加以改进和创新。

每个人都希望自己与荣誉和成功联系在一起,但是,如果你无视别人的感受,就很难在职场立足。因此,当你获得荣耀欣喜若狂的时候,如果只是傻乎乎地独自抱着荣耀不放,就不要感叹上司、同事和下属目光的异常或者度量的狭小!

王娟是一家出版社的编辑，还同时担任该社下属的一个杂志的主编，她平时在单位里上上下下关系都不错，大家对她的印象也很好。有一次，王娟负责主编的杂志在一次评选中获了大奖，她本人也被评为杰出的媒体人，还获得很大一笔奖金。她感到荣耀无比，逢人便提自己的努力与成就，同事们也都高兴的向她表示祝贺。可是过了一个月，她渐渐的感到有点不对劲。她发现单位同事，特别是属下的编辑们，似乎都在工作上有意无意地和她过意不去，不再像往常一样听从她的安排，并处处回避她。

冷静思考了一段时间后，王娟才发现，她是犯了"独享荣耀"的错误。因为这份杂志之所以能得奖，她作为主编的贡献当然很大，但这也离不开其他人的努力，其他人也应该分享这份荣誉，而自己不光没有感谢他们的努力，和他们一起分享荣耀，更没有把奖金拿出来一部分请客，当然会使其他的同事内心不舒服。

在职业生涯中，最圆滑的处世之道就是当你的工作和事业有了成就时，千万记得不要独自享受。要让自己拥有团队意识，记得和同事共享荣耀，摒弃"自视清高"的作风，换之"众人拾柴火焰高"的职业意识。只要注意到这一点，你获得的荣耀就会助你更上一层楼，你的人际关系也将更进一步。

领导者在获得各种荣誉之后，如果能以各种形式让下属分享荣誉及荣誉带来的喜悦，会使下属得到实现自身价值和受到领导器重的满足，这种满足在以后的工作中会释放出更多的能量，使员工在这个环境中获得信任感、温暖感、舒适感和成就感，也能在无形之中冲淡人们普遍存在的对受表彰者的嫉妒心理。例如拿了奖金或红包，可以请大家一起吃吃饭，一方面，员工的身心可以获得舒解，另一方面也是沟通感情、相互交流的好机会。

另外，除了实际意义上的分享，口头的分享也很重要，要记得感谢他们的帮助和协作，让他们分享你的荣耀，感受到自己受到了你的尊重，这样你和他们今后的关系才会更加融洽。百花奖或金鸡奖上，众明星得主上台领奖时，都要感谢一大堆人，道理就在于此。

有人说：如果你习惯了独享荣耀，那么总有一天你会独吞苦果！一个人不懂得分享成果，是一种"吃独食"的心态，这样会引起其他人的反感，从而为下一次合作带来障碍。独占功劳，只会让人认为你好大喜功，抢占他人的功劳。所以，幸福共享、荣誉共分，不仅能使自己保持开心快乐，而且别人也会觉得你有人格魅力。你和蔼亲切，给人温暖，人们就愿意接近你。

甄嬛的用人策略：

得宠之初，皇帝玄凌得知棠梨宫无首领内监，有意为甄嬛加拨下人，甄嬛提拔忠心的小连子做自己的内监总管；

甄嬛盛宠时告之皇帝玄凌控制时疫的研究成果乃温实初，进言让玄凌暗杀太医二江，举荐温实初上位；

在皇后与安陵容设计陷害心腹槿汐与内监总管李长对食之事时，为槿汐奔走救助；

生双生子盛宠之时，为贴身心腹槿汐谋得正一品尚仪之职，统管宫中所有宫女；

后又请求皇上答允自己收浣碧为义妹，将浣碧母亲的牌位移到甄家祠堂，圆了浣碧多年来的心愿；

在皇帝玄凌封自己为贵妃时婉言拒绝，并提议封端妃为贵妃，为敬妃等请封；后又劝解皇上大封六宫。

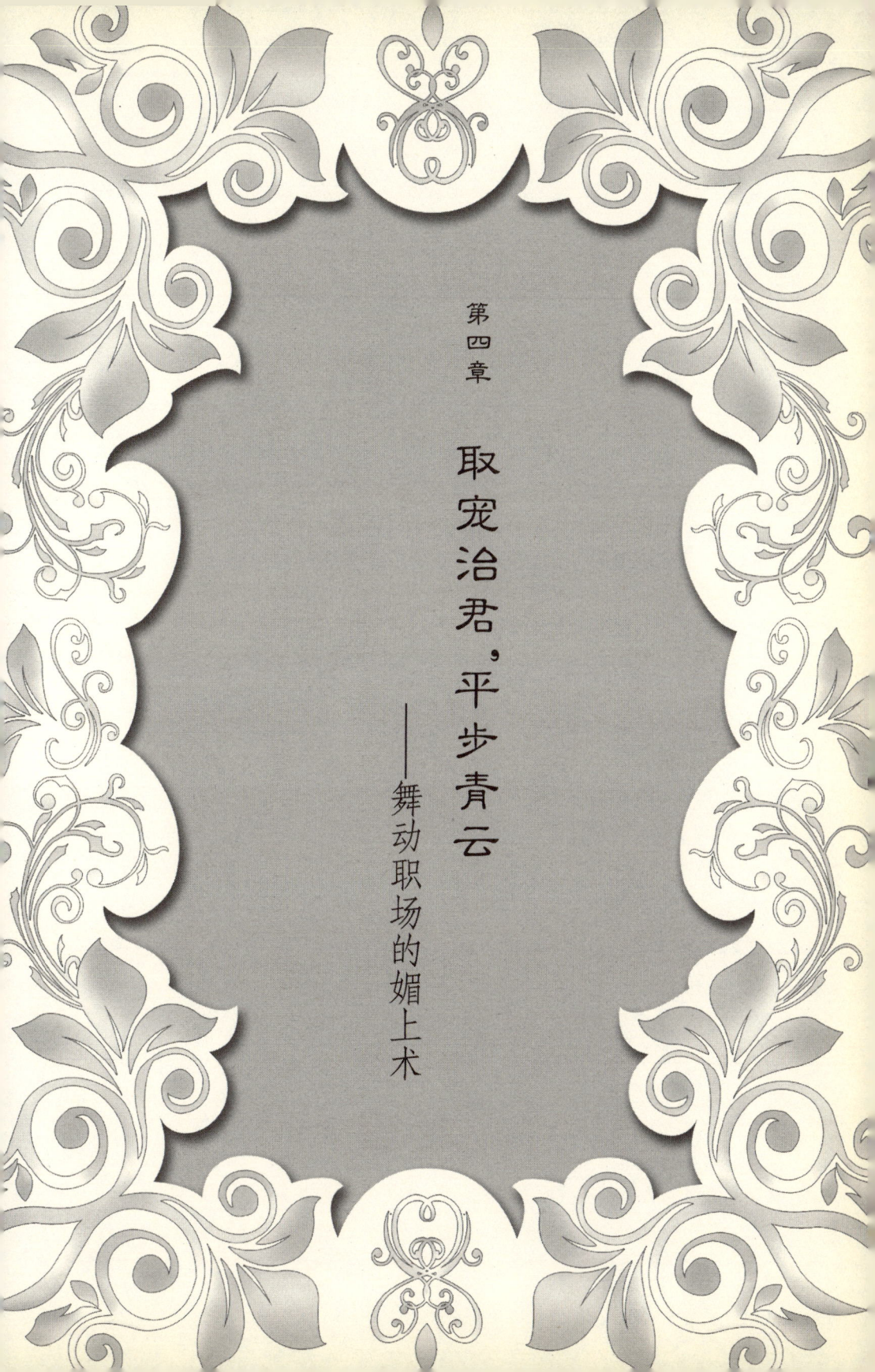

第四章
取宠治君,平步青云
——舞动职场的媚上术

将领导发展成贵人

一家有名的猎头公司曾经访问过一家大型公司的副总经理。他在介绍自己升职的秘诀时透露，他的成功在于将领导变为自己的贵人。当他还是普通员工时，他都是在家里吃早餐，可是某一天他很偶然地去公司附近的餐厅喝茶，正好碰到公司的老总，并且得知老总天天都去那间餐厅吃早餐。他觉得这是一个让老总了解自己最好的捷径，于是他就变偶然为必然，也养成了到那个餐厅吃早餐的习惯。因为经常在一起吃早餐，谈论各种话题，不久，他和总经理就成了好朋友，而在平时的谈话中老总也逐渐认识到他是一个难得的人才，结果在一年之内他逐渐被提为公司副总，成为老总最得力的左膀右臂。

贵人相助是人生极大的幸运，通常意义上的贵人，是指身边那些握有资源、权力的人。贵人有几项特质：学有专精，乐于助人，在自己的工作岗位上力争上游，凡事抱持正面思考……当然，你的上司，你接触到的成功人士，把露脸的任务、挑战性高的任务交给你的人；把脏活累活没人爱干的活儿硬塞给你的人；好为人师、对你絮絮叨叨的人；宽容的客户、挑剔的客户等等每天与你打交道的人都有可能是你的贵人。对职场人士来说，要能将比自己资深、职位高的人发展成自己的贵人，无异于给自己找了一个稳固的靠山。

在职场的各个阶段，最重要的是需要明智的心态和视角，能有人给机会你学习、历练，需要有人告诉你什么是对的，什么是错的。如果有人给你指点迷津、关注、品评，就远比靠自己去磕碰、领悟要来得效率高。

将比自己强大的人发展成自己的贵人，并非简单的套近乎、搞关系。首先得珍惜一切机会，证实自己的实力，在工作中忘掉自己的喜好，将你喜欢的、讨厌的、鄙视的、畏惧的，形形色色的人交到你手中的工作都干好，让自己树立一个可以托付各种任务和责任的形象。

另外，自己也要有意识地培植贵人。有的"贵人"，对你会有所帮助，愿意时时伸手拉你一把，更多的需要你自己慢慢培植。观察周遭的人，判断哪些人可能是你的贵人，然后主动亲近他们，与他们保持联络，让他们对你有深刻的印象。在某个时机，他们就会发挥"贵人"的功能，在职业发展的过程中，助你一臂之力。

在漫漫求升路上，能发现贵人固然要付出努力，但是争取贵人的提拔也很需要技巧。聪明的下属能够抓住与领导相处的机会，表现自己的能力，争取得到领导的欣赏和提拔。

小杨是电视台的一名普通记者，老实木讷，工作勤恳，但台里人才济济，竞争激烈，小杨工作近十年，也未捞到一官半职。

一日公派采访任务，他跟市委副书记外出招商引资。重任在身，他使出浑身解数，白天采访，晚上写稿。成稿后还要遍地找网吧，把稿件及时传回台里编辑播出，忙得不亦乐乎。这一切被副书记看在眼里，便询问他为何要找网吧传稿？他诚实地把工作流程、台里的采访设备现状向副书记进行了详细汇报，副书记说："你们的工作真辛苦！"

工作完成回到市里。一日，广电局领导接到副书记电话，副书记对电视台记者在艰苦的工作条件下认真的工作态度予以充分肯定，并点名对小杨予以表扬。广电局领导也十分高兴，在台里传达了副书记的肯定与表扬。

隔了一段时间，副书记的秘书专程来到局里，详细了解小杨的一些情况，并询问他现在在台里是什么职务？广电局领导此时才恍然大悟：原来领导的表扬还有另一层意思。不久后，小杨被提拔了。从普通记者一跃而成台长助理，跳过了部室副主任、主任两级。而今，他已是排名靠前的副台长，俨然有了一副领导的模样。

所以，人在职场，需要一个伯乐提拔帮助，有时候又需要一个高人指点迷津，在得意时需要有人泼泼冷水，在失意时需要有人欣赏相助。有了这样的贵人，漫长的职场之路才不会走得寂寞凄凉。

甄嬛的媚上策略：

端妃与甄嬛相像，有共同语言，华妃以木薯粉害温仪吐奶之事陷害甄嬛，位高而避居的端妃总能在最关键的时刻救助甄嬛，为甄嬛成功解围，并且在最后时刻给了华妃致命一击。

投其所好 破译老板心声

《西游记》里,妖精们为了能骗取唐僧肉吃,无不各显其能,纷纷变作村姑、美妇、老妪、小孩。凡体肉胎的唐僧总是会被这些妖精们蒙蔽,认为这些都是好人,这时我们总能看到猪八戒总坚定地站在"领导"这一边,"领导"说那些妖精是好人,他便跟着说是好人。而火眼金睛的孙悟空总是"冒失"地将妖精一棒子打死,所以老是惹得唐僧火起。为了惩罚孙悟空,唐僧就会念几句紧箍咒让孙悟空头痛欲裂。尽管最后妖精原形毕露了,但聪明的猪八戒也没忘记给领导一个台阶,说那是猴子使的"障眼法"欺骗师傅。

遇到猪八戒这样的下属,虽然唐僧嘴上偶尔也会骂两句"呆子"、"夯货",但相对于其他两个徒弟,心里却更疼爱猪八戒一些。沙僧尽管对唐僧也非常忠诚,但因为立场不够坚定,偶尔会被孙猴子说动心,跟着师兄反对领导的观点,所以得到的宠爱肯定不如猪八戒多。

所以,如猪八戒一样投其所好甚至偶尔拍拍领导马屁是智慧的职场生存法则。毕竟领导也是人,他不可避免的会对一个总是夸赞他的手下产生好感甚至依赖感。职场上几乎每个领导者身边都会有八戒这样的人物存在。因为我们不能要求领导者在一个至高无上的地位还要放低身份和自尊,去听取下属的批评和接受下属的顶撞。试想:如果领导的每个想法都被孙悟空一样的下属否定掉,领导的权威何在?领导发号施令又有谁会听呢?

在竞争激烈的职场上,那些能得领导欢心的人,往往能够被更快地得到领导的提拔,也能够得到更多的奖赏。得领导欢心就要想法取悦领导,其中最重要的一点,就是善于解读领导的意图,投领导所好。能说领导想说之话,办领导想办之事。

刘莹是某 IT 公司的行政副经理,某天副总裁经过研发部门员工办公桌,当副总裁看到研发人员在电脑上密密麻麻地编程时,羡慕地对研发人员说:"我连鼠标都用不好,你们年轻人用电脑这么顺,看来我真是年纪大了,还是用笔舒服啊。"这话正好被经过的刘莹无意中听到。刘莹当时没说什么。但是第二天一早,副总裁赫然发现一个崭新的手写输入鼠标放在他的电脑旁。

俗话说:"会干的不如会说的,会说的不如会拍的。"聪明的员工往往都会察言观色,不失原则地投领导所好。刘莹就是善于察言观色,平日对于老板突发奇想的事情,不管是大事还是小事,都会花时间收集信息,然后想办法给领导办成。所以,当行政部经理离职后职位出现空缺时,刘莹顺理成章地得到了提拔。

现在很多人都骂清代大奸臣和珅,是靠阿谀奉承笼络皇上,但试想乾隆皇帝是一代明君,难道他真的会看不出和珅的这些小把戏吗?实际上,乾隆对和珅的宠爱还是源于他对自己的胃口:和珅相貌堂堂,看着就比刘罗锅舒坦;他学着写诗,为了和爱写诗的乾隆交流;他苦练书法,尤其是学乾隆的字体,因为乾隆喜欢到处题字;他主动用各种手段敛钱,因为乾隆要过生日讲排场;他能迎合乾隆的各种爱好,让乾隆再也离不开他……企业里,如果有这样的员工,试问哪个领导不喜欢?

同样,在领导提出新的看法和观点时,适度给予领导赞同,很少有哪一个领导不喜欢被下属恭维,这是由领导超乎一般人的强烈的自我价值肯定愿望所决定的。所以赞美领导让其有更好的心情去工作,让其去感染周围的下属和同事,于人于己都是一桩好事。

当然,投其所好的前提,必须要先了解领导的生活习惯、处事作风,然后才能做到让领导欢心。否则处理不当,不仅会适得其反起不到取悦领导的结果,还会被其他同事认为是在巴结上司、拍马屁,结果背上骂名。

另外,投其所好也要有个度,对领导的不当言行,仍应避免迎合。而且人们需要的是恰如其分的称赞,从中可以了解到自己哪些是应该保持的优点,哪些是自己需要克服的缺点。并非是受到别人的称赞越多就必定越喜欢对方,领导也是一样。如果领导听到千篇一律的赞扬话,尽管也许知道你是真诚的,但时间一久,听得太多,也就不感到荣耀了。

心理学上有一种"得失效应"。意思是指人们喜欢那些对自己的喜欢显得不断增加的人,而不喜欢那些对自己的喜欢显得不断减少的人。所以老生常谈的赞扬话不仅不能增值,反而会贬值。

投领导所好的方法万变不离其宗,简言之,有以下三个原则:

首先,应该客观地衡量一下自己在公司的地位。谨记"我应做什么?有些什么要做?",发现自己的长处,然后尽量在这方面发挥。

其次,无论何时何地都要尽量帮助上司分忧解难,多考虑"领导最需要什么资料？怎样可以帮助他？"尽自己所能把事情做好。

另外，在领导需要的时机，说合适的话，做合适的事情。

职场达人在总结职场生存规则的时候，将"上司的喜好有时高于制度"和"适时的巴结也是一种沟通的技巧"这两条列为首位，就是因为他们深谙投领导所好，是职场生存最稳固、职场升迁最简捷的办法！

甄嬛的媚上策略：

为皇帝分忧解难，借汝南王妃帮玄凌妥当处理汝南王与文官的争端，封汝南王长女庆成宗姬为恭定帝姬，入宫伺候太后，长子予泊为世子；

在皇帝为难是否加封汝南王生母时，建议广封后宫太妃，封岐山王生母钦仁太妃为淑太妃，玉厄夫人为贤太妃，平阳王养母庄和太妃为德太妃，生母顺陈太妃加礼遇，遥尊清河王生母舒贵太妃为冲静元帅、金庭教主，上皇太后徽号为"昭成康颐闵敬仁哲太后"；

又献计让自己的哥哥嫂嫂演戏取得汝南王信任，帮助皇帝夺回兵权，被皇上玄凌誉为"解语花"；

安陵容更懂得皇帝乃万圣之尊，什么样高贵的女子没见过，小家碧玉式的女子更容易引起皇帝的同情，所以装得一副任人欺负打压的柔弱样，也不恃宠而骄，柔顺婉转的样子很入皇帝的眼，所以才能在皇帝玄凌面前多年宠爱不减；

安陵容被钦天监指为不祥之人，又用胡蕴容毒哑嗓子后失宠，便苦心孤诣另谋日日苦练"惊鸿舞"以舞复宠，果然得除夕夜进封的殊荣；

胡蕴容为讨玄凌欢心，撒娇撒痴，对其以"表哥"相称，拉近关系；

并以"握玉而生"显示自己的富贵之命，但最后被查出那块玉根本不是生来就带着的，被玄凌废黜；

而仰顺仪不知皇帝玄凌的喜好禁忌，批评倚梅园梅花，被玄凌以不敬之罪贬至花房种植水仙。

埋头苦干＝什么也没干

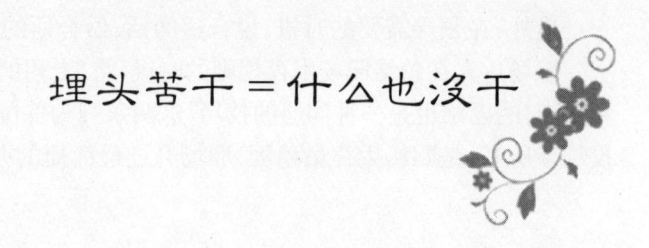

任何一位愿意在自己的职业生涯中取得成功的人，都应该懂得如何在适当的时候使自己能够脱颖而出，并且不让自己的努力悄无声息，更不能让自己的努力显得可有可无。

曾经，有很多人告诫我们在职场中要有老黄牛的精神，要任劳任怨、多做、抢做，要保持吃的是草，挤的是奶的态度。可是真的当我们把这一套用在激烈竞争的职场环境里时，我们马上会发现，越是埋头苦干的人，越是死得难看的人！

因为在我们埋头苦干的时候，尽管可能有一些出色的上司会发现我们的努力，并给予我们以相应的回报，但是，如果我们总是消极地等待公平的到来，总是期待自己的上司能够出色，并且能够始终关注自己的努力，那么，我们就是把自己的命运交给别人等待评判的被动之人了。单靠埋头苦干和意志力而有所作为的时代已经过去，想要在职场中站得更久一些，位置更高一些，我们就必须让别人明白：我在努力地工作，而且做得很好！

有人曾经总结职场经验时说：在工作上，你一定要让大家知道你做了多少事情，否则，你所做的一切都是白费！这听起来很残酷，不是吗？事实上，在多数情况下这是一个不争的事实。很多人默默无闻地为公司做了许多事，而且干得都不错，但是，当公司面临危机需要裁员时，他们却往往是首当其冲的裁员对象。

职场是狐狸的天堂，兔子的坟墓。狐狸头脑敏锐，心眼活泛，一旦让他们抓到机会，头疼的事情只能留给兔子。这很不公平，但单纯的事后抱怨并不能解决任何问题。在中国的传统文化中，那些勤勤恳恳工作的人往往会成为被赞扬的对象。这并没有错，因为任何公司都需要这样的人，问题的关键在于，一个人不能使自己的努力显得可有可无，所以埋头苦干永远不如抬头苦干！当然，职位的升迁除了需要抬头做事之外，我们还必须成为一个对公司和同事都非常有价值的人，即抓住机会扩大个人的影响力。

因为在现代职场上，即使你是真金白银，但如果不会把握机会自我推销，那么在别人眼里你也只是一堆破铜烂铁。

　　亚平是学平面设计专业的，毕业后一直在媒体代理公司制作部工作。刚踏入工作岗位的那几年，亚平一直谨记父母的教导，老老实实地做事，办公室的杂事抢着干。亚平这样的态度为她在同事间赢得了好人缘，也让她很顺利地渡过了新人期。但是三年过去了，亚平却还在干着帮制作人员填填制作表，看看制作文件播放效果的杂事，广告视频的构思、设计和制作的过程从来都没有参与过。亚平很想发挥自己的专业特长，可是大家习惯了让她去帮忙完成那些简单的事情，所以一些构思设计的讨论会从来没有邀请过她参与。

　　一次，公司接到一个新的广告制作任务，制作经理要求制作部门的所有人员都参与这次的构思讨论，包括亚平。可是在开会的时候制作主管却安排亚平帮忙接听电话，所以亚平对于这次任务的构思过程和设计制作内容还是一窍不通。任务报告会议一天天接近，亚平觉得既然制作经理点名要求自己也参加，那么对于自己来说就是一次展示专业的机会，想要从以前打杂的围城中越狱出来，就一定要让制作经理看到自己的才能。所以亚平抓紧时间按照自己的想法设计了一套平面作品，并在征求了制作主管的同意后，在报告会议上说出了自己的构想。

　　制作经理看后觉得亚平作品里有很多新鲜的元素，对于其他制作人员是一个很好的提示和补充，所以决定由另外两名资深的制作人员辅佐亚平负责这次的广告制作任务。从那以后，有新的任务，制作经理和主管总会第一时间询问亚平的想法，亚平开始慢慢成为了制作部门的核心主力。

的确，真实才干是一个人屹立职场的重要因素，但是办公室生存如果不懂得适时抬头寻找机会凸显自己，再能干再努力也仍旧会原地踏步，难上青云。

　　机会意味着机遇，是凸显自我和得到晋升的前提。一个人的职业生涯是否顺利，位置是否稳固，在很大程度上要看他能不能赢得和充分利用身边一次又一次出现的机遇，是否有的放矢和游刃有余地利用机会在领导面前展示了自己。

　　如果你能具有敏锐的观察力，能看到各个时间段里领导的工作思路，然后把握机会，以自己的最大才干和能力帮助领导把关心的问题解决好，那么不言自明,无论在业绩上还是上下级关系上,你都能在领导眼中加分不少。

俗话说,愚者丧失机会,弱者等待机会,智者把握机会,强者创造机会。你把握的机会越多,创造的机会越多,你离成功的距离就会越来越近。

在人才济济的办公室里,上司不会无缘无故注意到你,当你意识到自己已经在客观上落后于别人的时候,你就应该主动争取机会,关键时刻露一手。

首先,要善于展现自己的潜能,关键时刻替公司"两肋插刀",让同事和领导认识你的潜能,而且让自己在某些方面具有无可替代的能力。

其次,从被动的状态中走出来,学会把自己推到幕前。让领导在各种场合了解你,尤其多在顶头上司面前"曝光";适时、恰当地把自己的业绩摆到"桌面"上;在工作中多制造一些有影响力的事件,做事果断,能自己做主的事情就不要去请示领导,树立信心,打造属于自己的职业气场,让领导肯定你的办事能力。另外,要时刻锻炼自己的应变能力,多吸收一些新鲜的经验,补充被提升的资本。

最后,在公司中领导要解决的最重要的问题就是建立一个有合作精神的团队。所以凸显自己的时候别忘了把自己融入所在的团队,能和同事、领导进行坦诚、直接地沟通,融洽合作。

总之,一定要记住,成功的人往往会用聪明的方式工作,而不是辛苦地工作,想要在职场走得更远,没有永远的韬光养晦,只有适时的凸显自己。

甄嬛的媚上策略:

甄嬛与恬嫔同时有孕,恬嫔为夺皇上宠爱,数度耍小性子从甄嬛处请走皇帝玄凌,甄嬛心知恬嫔气数已尽,不恼不怨,尽显贤明劝皇帝玄凌舍弃自己而陪伴恬嫔;

在浣碧处心积虑打扮想得皇帝关注而被皇帝玄凌指出红绿搭配不宜时,甄嬛送她湖蓝色绸缎做衣裳,又给下人分食小厨房做的菜,得皇帝玄凌赞赏能宽和驭下,有协理六宫之才;

在已定安陵容侍寝而玄凌又钟情于甄嬛时,甄嬛坚持让玄凌去陪伴安陵容,推诿谦让,尽显自己的贤明;

在汝南王要求皇帝玄凌封其母玉厄夫人为玉贵太妃,迁入先帝妃陵时,甄嬛又献计封岐山王生母钦仁太妃为淑太妃,玉厄夫人为贤太妃,平阳王养母庄和太妃为德太妃,生母顺陈太妃加礼遇,遥尊清河王生母舒贵太妃为冲静元帅、金庭教主,上皇太后徽号为"昭成康颐闵敬仁哲太后",为玄凌分忧。

多才多艺，总有惊喜

美国人力资源管理学家科尔曼说："职员能否得到提升，很大程度不在于是否努力，而在于上司对你的认可程度。"在员工眼里，上司手握"生杀大权"，是下属职业生涯中最为重要的人物；上司可以决定他们的进退，决定他们的去留；上司可以为他们的成功推波助澜，也可能成为他们成功路上难以翻越的高山……

职场里，办公室一族把握发展机会的最好办法就是做好领导的参谋，掌握让领导器重自己的方法！

在强手如林的职场中，如何能不费吹灰之力，受到老板的器重，让自己成为办公室的黄金女郎呢？其实并不难，关键在于开发自己的脑力：游刃职场的黄金女郎们总习惯穿一些大方、稳重的服装，而老板也是；与老板谈话的时候，她的头总是微微向右偏，而凑巧的是，老板也一样。这些举动很细微，在同事面前不仅不会有拍马屁的嫌疑，而且还能给老板留下良好的印象。和上司搞好关系，永远是职场人必须熟记的生存守则。

发现领导的"核心价值观"

小周大学毕业后到一家建筑公司工作，他天天加班。尽管同事向他暗示，他们的上司"并不十分欣赏"加班行为，但小周仍固执地认为"慢工出细活"，加班还可以换取自我表现。一天，他的上司找他谈话，上司的话很直接："你不能在工作时间内完成任务，还要靠加班来完成，这只能说明你效率低下。你加班的一水一电，可都是公司的开支。"小周自以为表现敬业，却与上司"重效率"的精神相违背，结果适得其反。

想要得到领导的器重，首先就要培养敏锐的观察力，找出上司的核心价值观。然后试着分析自己，找出自己的工作风格，比较一下自己和上司之间有哪些共性、哪些不同，并调整自己的工作态度来配合上司。当然，在了解上司的同时，也要让上司真正地了解自己的强项和弱项，只有当上司充分地了解自己，才能给自己机会。

"四体要勤,五谷要分"

作为领导,统筹全局,责任重大,压力也是最大的,某些工作也许可以凭借他们自己的能力或以往的经验就能办成功,而有些工作则需要群策群力才能解决。此时你若能帮助领导发挥其专业水准,一定能让领导另眼相看。例如,领导经常要用的资料,你可以细心地将这些档案资料系统的整理一下;如果领导对某个客户关系处理不当,你可以得体的代他把关系缓和缓和。这样领导会觉得你是他的好帮手,自然会重用你,你自己从中也可以多积累一些经验。

对领导的繁忙工作,更不应袖手旁观,要做到该出手时就出手,只有"四体既勤,五谷也分"的人,才能玩转职场。

要让领导知道你在忙什么

管理学上有句名言:下属对我们的报告永远少于我们的期望。这说明当领导的人心中普遍存在一个问题,就是不知道他的下属在忙些什么,每天看着他们似乎很忙,但又不好意思经常去问他们。除了最高层领导外,每个员工都有上司。所以一定要定期地主动跟自己的上司报告自己的工作进度和工作计划,让上司放心,不要等做完了再讲。沟则通,不通则痛,有时小小的一点错误,发展到后来就会变得很大,所以越早报告你的上司,一有错误,他可以纠正你,避免犯大错误。做下属的越早养成这个习惯越好,上司一定会喜欢你的。

能有效解决问题

办事效率高是每一个上司关注的一个职场要求。每个公司都希望员工在面对职场上的重重压力和突发事件,可以用冷静的思考方式去解决问题,尽可能帮助上司减少工作量,想上司所想,急上司所急,为上司出谋划策,做上司的好助手。办公室黄金女郎,永远是知道在工作中能够化解那些深处的危机,能够利用自己的能力去创造出价值的人,她们知道自己需要什么、领导需要什么,然后尽自己最大的能力去拼搏,去争取。

学会读懂你的领导

和上司打交道时,对其眼手的观察,能够让我们洞悉其内心,例如:上司说话时不抬头,不看人,这是一种不良的征兆——轻视下属,认为此人无能;上司从上往下看人,这是一种优越感的表现——好支配人、高傲自负;上司久久地盯住下属看——他在等待更多的信息,他对下级的印象尚不完整;上司友好和坦率地看着下属,或有时对下属眨眨眼——下属很有能力、讨他喜欢,甚至错误也可以得到他的原谅;上司的目光锐利,似利剑要把下属看穿,这是一种权力、冷漠无情和优越感的显示,同时也在向下属示意:你别想欺骗我,我能看透你的心思;上司偶尔往上扫一眼,与下属的目光相遇后又往下看,如果多次这样做,可以肯定上司对这位下属还吃不准;上司向室内凝视着,不时微微点头,这是非常糟糕的信号,它表示上司要下属完全服从他,不管下属们说什么,想什么,他一概不理会;双手合掌,从上往下压,身体起平衡作用——表示和缓、平静;双手叉腰,肘弯向外撑,这是好发命令者的一种传统肢体语言,往往是在碰到具体的权力问题时所做的姿势;上司坐在椅子上,将身体往后靠,双手放到脑后,双肘向外撑开,这说明他此时很轻松,但很可能也是自负的意思;食指伸出指向对方——一种赤裸裸的优越感和好斗心;双手放在身后互握,也是一种优越感的表现;上司拍拍下属的肩膀——对下属的承认和赏识,但只有从侧面拍才表示真正承认和赏识。如果从正面或上面拍,则表示小看下属或显示权力;手指并拢,双手构成金字塔形状,指尖对着前方——一定要驳回对方的示意;把手捏成拳头——不仅要吓唬别人,也表示要维护自己的观点,倘用拳头敲桌子,那干脆就是企图不让人说话。

明白领导动作中蕴含的真实含义,就可以为领导解决更多的问题,维护领导权威的同时还能在领导面前更好地表现自己的才能。

拥有自己的独门绝技

《我的兄弟是顺溜》里大家都喜欢顺溜,因为他是一个神枪手,弹无虚发。有了他,可以给敌人很大的威慑力;有了他,可以打掉日本将军石原;有了他,一人可以干掉70多个鬼子。这样的人才,即便他有一些毛病,但过硬的本领也会使他成为领导身边的"宝贝疙瘩",关键时候能派上用场,能"顶得上去"。

在企业里,具有语言特长或者具备超强销售能力的人都是领导倚重的人才。那些手中握有大量客户资源的销售经理的影响力甚至超过他的上级,他们的职场地位稳如磐石,也永远是领导宠爱的对象。所以,不管在什么岗位上,想得到领导的器重,就要有自己的独门绝技。掌握一件事情只有你能干,或者暂时只有你能干,或者其他人干就会打折扣,或者找一个替代的人成本就会很高,让自己成为领导眼中"不可或缺"的人才。

当你成为领导身边这样一位懂得为他分忧,工作能力又强的人时,领导工作起来自然得心应手。当他离不开你时,就正是你身价倍增的时候。

甄嬛的媚上策略：

甄嬛被诬陷以木薯粉毒害曹婕妤女儿淑和帝姬，甄嬛不急于向皇上玄凌辩解，而设法让玄凌内心痛快，她深知皇上痛快了才会在意有没有人让自己不痛快，结果借皇帝之手惩罚了轻慢自己的华妃远亲黄规全；

甄嬛蝶幸复宠后，不急于侍奉皇上，而费劲心机日日婉拒，欲擒故纵，让皇帝更是宠爱她；

甄嬛在倚梅园中蝶幸复宠，连续半月对玄凌欲擒故纵，让自己的宠爱更甚；

皇后深知皇帝玄凌对先皇后纯元情深意重，所以提携安陵容，在甄嬛失宠之际安排安陵容以歌复宠；

后来皇后又借赏纯元所种梅花为名将玄凌引至倚梅园，让安陵容作惊鸿舞东山再起，被进封为从二品昭媛，巩固自己势力；

甄嬛善于利用自己美貌容颜这柄利剑取得君心，用睿智头脑斗过众人，用善良封住众口。

给领导面子，
领导才会给你里子

"以上是我对于这些保健品所作的技术报告，大家还有什么意见吗？"在公司的全体大会上，技术总监为自己作的这份详尽的报告颇为得意。

"总监，您的报告里好像有一个问题。钾应该是人体的常量元素吧，您怎么说是微量元素呢？"技术部小杨直言不讳地提出。

会上所有的目光齐刷刷地聚集在了技术部总监的身上。

"这……"总监的脸一下子红到了耳朵根。堂堂一个名牌医学院的毕业生竟然连这点小问题都没搞清楚。更何况当着老总和全体同事的面，技术总监真恨不得找个地缝赶紧钻进去。

他竭力掩饰着自己的尴尬："噢，是吗？我记得就是微量元素啊？小杨，你大概记错了吧。"

"不对，肯定是您记错了，"小杨甚是不解，"总监，我记得没错，要不回来您再查一查吧。"

技术总监的脸色难看至极。自从这次以后，小杨明显感觉到自己在部门中有些吃不开。不仅有了好的机会轮不上自己，总监还时不时地要挑自己的毛病。小杨的日子如坐针毡，最后憋不住辞职了。

后来公司技术部里新招了一批职员，技术总监决定抽个时间与大家见个面，认识一下。

"黄晔"。全场一片寂静，没人应答。总监又念了一遍。

这时一个新员工站了起来，怯生生地说："王总监，我叫黄晔(yè)，不叫黄晔。"人群中发出一阵低低的笑声，技术总监的脸色更是有些不自然。

"报告王总监，我是新来的打字员，是我把字打错了。"一个精明的小姑娘站了起来，说道。

"嗯，太马虎了，下次注意啊。"技术总监挥了挥手，继续念了下去。

不到一周，这位新来的善于"补台"的小姑娘便被提升为总监助理。

面对同样一个人同样的小错误，会补台的打字员荣升为总监助理，当众纠领导错的小杨被迫离职。

俗话说"人活一张脸，树活一张皮"、"宁丢票子，不丢面子"，生动形象地说明了面子对于中国人的重要性，领导更是如此。在公众场合，特别是上级领导和众多下属参与的场合中，面子对于领导来说意味着在上级领导眼中的形象、在下属面前的权威。一旦威信受到损害，领导日后对权力的行使效力就要受到损害，影响到领导在今后决策、执行、监督等各个方面的决定权和对下属的影响力。所以，此时，他的尊严是绝对不容侵犯的，更不能像小杨那样去冲撞他的忌讳，让他下不了台。

金无足赤，人无完人，上司也是如此。工作千头万绪，用人管人事务繁杂，疏忽和漏洞在所难免。所以，职场中，每个上司都喜欢有一个为自己工作"拾遗补缺"的下属，就是在恰当的时候，察言观色为上司填补一些工作上的漏洞，缓解一下场面上的尴尬，维护好上司的威信和面子，需要的时候，甚至还要扮演一下"替罪羊"的角色。

许多情况下，替上司补台救火，吃的只是表面亏，但从长远来看，会更有利于你在职场上顺利前行。毕竟领导有面子了，才会考虑是否给你里子！

办公室生涯里，我们会接触不同类型的领导，每个领导都有不同的行事作风，要想维护好领导的颜面，首先要熟悉他的喜好，平素我们可以采取听、读、看、问的方式尽快了解他。注意听领导在说什么？用什么方式在说？了解他在乎的是什么？看他如何和别人沟通？注意问那些和他关系密切的人，应该如何和他相处？了解了这些内容，就能更好地把握什么时候能以领导需要的形式为领导分忧解难。

网络上曾经流传职场下属有几大不懂事："领导敬酒你不喝，领导走路你坐车，领导讲话你罗嗦，领导私事你瞎说，领导夹菜你转桌……"生动形象地说明了与领导相处的禁忌。除了常见的这些情形，一般情况下，任何领导也都不希望在出现失误或漏洞时，马上被下属批评纠正，也不会喜欢下属在别人面前与自己太亲近和随便，更不希望自己领导至上的规矩受到侵犯。不管是否在工作场合，他都希望下属能给他面子，维护他作为领导的面子。

别当众"捉领导的虫"

发现领导有错时，不要像例子中的小杨当众纠正。如果领导的错误不明显或无关大碍，其他人也没发现，最好的方法是"装聋作哑"。如果领导的错误明显，确有纠正的必要，最好寻找一个能使领导意识到而不让其他人发现的方式纠正，例如领导在会上讲话时念错了数据，可以偷偷写一个纸条让秘书传给领导，或者在其他人没注意的时候用一个眼神、一个手势或一声咳嗽来提醒，事后再私下对领导说明。

别让领导在对手面前气短

在某些谈判的场合，对手出现咄咄逼人或不尊重领导的情形时，领导有时会碍于身份和地位，不好直接出面跟对方计较，但是又必须维持自己的利益和尊严，这时一定要果断地站出来，为领导争脸解围，不能让领导的气势输给竞争对手。

莉莉伶牙俐齿，是一家律师事务所的实习律师，她的领导在业内算得上小有名气。有一次，他们接下了一个案子，对方聘请了一位比较厉害的律师做顾问，在双方谈话中，那位律师咄咄逼人，态度嚣张。莉莉的领导顾及身份，不好与他正面冲突。莉莉意识到领导很郁闷，于是瞄准时机，抓住对方律师的漏洞，连连发问，把那位大律师问得哑口无言，他没想到对面的这个小姑娘口齿这么厉害，弄得自己很没面子。

事情过后，莉莉的领导虽然在车上埋怨莉莉，说她小姑娘不懂事，没有处事经验。但莉莉明白领导心里却是满意的，毕竟自己给他争回了面子，不需要他自己出面得罪人。果然，从此以后，领导只要出去就会将莉莉带在身边，因为每次碰上故意找茬、伤他面子的人，莉莉总能开动脑筋，为领导把面子争回来。

工作场合别太随便

工作场合，讲究的是"公事公办"。即使和领导私人关系再好，在工作场合、工作时间里，也不要表现得过分"随便"。例如直呼领导姓名，甚至是绰号，不称呼职务，或者说令领导尴尬的笑话，甚至说出领导的隐私等等。

王聪是销售总监从前公司跳槽时带过来的助理，因为两人私交很好，所以在公司两人关系很亲近。夏天，王聪常买来西瓜与同事关在总监办公室吃，总监从来都是笑呵呵的。总监午饭要吃什么，也总是让王聪帮忙订。这天，销售总监千辛万苦约来的一位大客户来公司谈合作事宜，刚进门，负责接待的王聪就跟平常一样，大喊"老销，你约的客户来了"。销售总监的脸一下子就阴了下来，"老销"是王聪为销售总监取的绰号，当着这么重大的客户喊，让总监觉得自己特别没面子。此后好长一段时间，销售总监都对王聪一反常态，爱答不理的。

让领导看起来很出色

在公众场合，协助领导表现出色，帮他赢得上级的青睐和客户的尊敬，使他能给大家留下深刻而良好的印象，维护他作为领导的权威。例如和客人一起洽谈时，端茶送水，帮领导拿取、递接资料；和领导一起用餐时，应替领导开门、关门，中途需要服务时叫服务员，用餐结束主动去结账；拜访客户时，和对方领导见面，如果双方领导不认识，要主动为他们介绍……

电影《穿 Prada 的女魔头》里有一个镜头：米兰达·普雷斯丽的助手安迪在一个聚会上一直紧跟在上司身后，一边往前走一边轻声提醒她客人们的名字。米兰达优雅顺畅地跟每个人打着招呼，看上去就像是一个周到而细心的女主人，但实际上她是一个冷漠而无趣的势利小人，压根儿懒得去记那些客人们的名字。

别忘了给领导留台阶

领导理亏时，给他留个台阶下。常言道：退一步海阔天空，对领导更应该这样。领导并不总是正确的，但领导又都希望自己正确，所以给领导台阶下就是维护了领导的尊严，领导必然心知肚明，理解你的善意。

例如某局长在兴致勃勃地给机关干部作报告时，不知是因为他的身体过于肥硕，还是椅子不太结实，椅子腿在不经意间坏掉了，局长摔倒在地上。场面非常尴尬时，局长身边的小李眼疾手快，赶快把局长扶起来，给他换了把新椅子，并说："局长，咱们局今年指标完成得太好了，这把椅子都承受不了了。"尴尬的局面顿时得到了缓解，局长也满面笑容。

甄嬛的媚上策略：

在恢复华妃协理六宫之权时，甄嬛虽然不愿意，但是也体贴皇上，让皇上心里舒服；

筹谋复宠时，刻意从莹心殿中搬到苦寒的饮绿轩中以示自苦，并以自责的情态话语打动皇上；

皇后借用纯元的衣服，让甄嬛触犯玄凌最大禁忌，彻底撕下甄嬛替身的真相，才成功借以扳倒自己的最大对手甄嬛；

皇帝听到曹琴默的话而疑心当时甄嬛是对哪个动情时，甄嬛婉言"皇上出言相救不啻于解困，更是维护嬛嬛为人的尊严……"满足皇上玄凌内心期待，才能成功为自己解围；

眉庄被诬假孕禁足，玄凌盛怒，甄嬛避而不谈此事，而是寻得陷害眉庄的太医刘悫，才在玄凌面前为眉庄申冤，使玄凌复容眉庄位份，降华妃为贵嫔夺封号。

做舌头不做牙齿

现代职场是一个相对男权的社会,很多顶尖职业负责人往往是男性的天下!女性与男性相比有一些无法避免的弱势因素,例如:结婚、怀孕、生产、照顾家人……这一系列事情需要女人付出太多的时间和精力,她们在担负照顾家庭与工作中心力交瘁,所以在职业升迁中往往抵不过男同事。但是女性天生具有敏感、细腻、温柔的特点,这能帮助她们在人际关系处理时做到游刃有余,更好地推动自己的工作。现在,工作、生活的竞争可谓无处不在,职业女性不妨适度发挥女性的长处,树立独有的工作方式,推动事业的发展。

中国古代大哲学家老子,有一天他把弟子们都叫到床边,他张开口用手指一指口里面,然后问弟子们看到了什么,在场的众弟子没有一个能答得上来。

于是老子就对他们说:"满齿不存,舌头犹在",意思是:牙齿虽硬但它寿命不长;舌头虽软,但生命力更强。

有句俗语叫"四两拨千斤",讲的也是以柔克刚的道理。俗话说:"百人百心,百人百性。"有的人性格内向,有的人性格外向,有的人性格柔和,有的人则性格刚烈,各有特点,又各有利弊。然而纵观历史,我们不难发现,往往刚烈之人容易被柔和之人征服利用。为人处世更需要善于以柔克刚。

大凡刚烈之人,其情绪颇好激动,情绪激动则很容易使人缺乏理智,仅凭一股冲动去做或不做某些事情,这便是刚烈之人的特点,恰恰也是其致命的弱点。

水滴石穿,柔能克刚,至柔之水能克万物,能随物赋形,无孔不入。而温柔如水,一样能如水一般浸透对方干涸开裂的心田。真正的强者常善于以柔克刚,此可谓真智慧!

在生活中,人们常能感觉到温柔那无孔不入的巨大力量,外柔内坚,温柔是女人的一种无形而强大的力量。女性要注重丰富自己的体贴、耐心等温柔的性格魅力,注意自己的修养,切忌狂、刁、蛮。温柔的女性在交际的过程中往往是能深入对方心灵，散发着浓浓的感情芬芳，放出吸引人的磁场，使得人们喜欢接近或愿意接近你。

职场中，很多女性外表看起来文弱、随和、一副与世无争的样子，可是只要单位上有任何好事，都少不了她的份，这令周围的同事感到诧异，其实这正是职场女性发挥了自己的真正魅力——"温柔是一把刀"。

当然，利用温柔去获得别人的好感并不是指要利用色相或者就是要嗲声嗲气地无病呻吟。一般地讲，女性温柔甜美的表现，男性都不反感，当我们以温柔获得别人好感之后，我们也就打开了通向成功的第一道大门。因为，无论是想获得上司的接纳还是同事的认可，我们首先必须要同别人打交道，而温柔的话语，善解人意的举动能更好地拉近我们与对方的距离。

在公司内部，男上司也不喜欢女下属硬邦邦，不圆熟；至于同事，更没人愿意和男人婆共事。女人在职场的魔力，在于包裹和融化，在于以柔克刚。

西方有一句古谚："一滴蜂蜜所黏住的苍蝇，远远超过一桶毒药。"温柔能够化解仇隙与怨恨，温和能够克制盛怒，柔情能够抚平冷漠。

如果一个人事先对你心存成见，你就是找出所有的逻辑、理由来，也未必能使他接受你的意见；如果再用强迫的手段，更不能使他接受你的意见，即使口服心也不服。但是如果我们和颜悦色，轻语温柔，就很容易使他同意你的看法。

力量的作用方式有多种。能量最大的未必力量最强大，声势最大的也未必力量最大，最刚性的也未必是最坚硬的。柔能克刚，大多的时候，女人的温和柔软反而比粗暴刚硬更有力量。

有本书上曾经讲过这么一个故事：一个晚上，有位"的姐"按照一个男青年指定的地点开车，谁知到了人迹罕至的半道，对方竟掏出尖刀逼她把钱都交出来，这位"的姐"心里顿时一紧，但旋即又马上镇定下来，她装作害怕的样子将500块钱交给了歹徒，说："这是今天一天挣的，你要嫌少我把零钱也给你吧。"说完，她又拿出30元零钱递给了歹徒。见歹徒有些发愣，她趁机说："你是住在你要去的那个地方吗？我还是把你送到吧，这大半夜的你也不能走回去。这么晚了，再不回去家里人该担心了。"

不知不觉，歹徒把刀收了起来。等气氛缓和以后，"的姐"便不失时机地与歹徒聊了起来："我家里原来也很困难，咱又没啥技术，日子总要过下去，后来就跟别人学开车，虽然干这一行挣的也不多，可日子过得也不错，关键是心里踏实，咱这样自食其力，穷就穷点，谁还能笑话呢！"

见歹徒沉默不语,她继续说:"唉,男子汉四肢健全,干点啥都差不了,走上这条路一辈子就搭进去了啊!"

一直沉默不语的歹徒听到这里,突然哭了起来,把500多块钱往她手里一塞,说:"大姐,你停下吧,我以后饿死也不干这事了。"说完,低着头离开了。

这位"的姐"在与歹徒对峙的过程中,始终都没有用强迫或命令的方式让他同意自己的意见,而是用婉转友善的方式去诱导他,达到了让他心服口服的目的,还激发了对方的自尊、自爱心。

俗话说:"牵牛要牵牛鼻子,打蛇要打七寸处。"应以己之长,克其之短,对待刚烈之人如果以硬碰硬,势必会使双方都失去理智,头脑发热,做事不计后果,最终,各有损伤,事情也必然搞砸。反倒是过犹不及,悔之晚矣。

有些自作聪明者,往往盲目自信,以为以刚克刚,无往而不胜。大家知道,做人办事不能简单粗暴,而是学会从大处着眼,以柔克刚。这好比:一块巨石如果落在一堆棉花上,则会被棉花轻松地包在里面。以刚克刚,两败俱伤,以柔克刚,则马到成功。

保持微笑

女性的微笑是最好的介绍信,是传递热情,携带温馨的佳作。在强手如林、充满激烈竞争的职场中,微笑可以代替语言。

学会倾听

在交际的过程中,善于听别人说话。给他人以尊重人、有礼貌的印象,可以适当穿插一些话语,使双方能愉快地交谈下去。另外,当上司面对种种不如意、不合预期目标的事情发火时,最好的办法是"以静制动"、"以柔克刚"。硬起头皮来洗耳恭听,正确则心里接受,不对则事后再找机会说明,这比马上辩解,风助火势,火上浇油要高明得多。因为对情绪尚处于激动状态的上司做任何辩白,在效果上都是徒劳的,甚至会适得其反。

甘当上司的"出气筒",不但可以显示你容人的胸怀和气度,也会给上司留下"听话"的好印象,你会因此得到上司更多的善待和信赖。

承认错误

不要总害怕承认错误,以为这样别人就会看不起自己。其实,真正有能力的人是勇于承认自己的错误的。也许那个同事不是你喜欢的人,但对对方提出的正确看法,你也应该乐于承认。应该力求客观地对待你得到的意见，即使这种意见不是用一种特别客观的方式表达的。承认你错了，常常能够让对方停止跟你的战斗。

> **甄嬛的媚上策略：**
>
> 和皇帝玄凌在杏花下相遇得宠后，并不像其他妃嫔急于侍寝，而是欲迎还拒，推脱身体需要调理，让太医温实初以一月为期调理好身体，使得玄凌更加珍爱她；
>
> 甄嬛在被华妃诬陷以木薯粉毒害曹婕妤女儿淑和帝姬时，甄嬛不急于向皇上玄凌辩解，而设法让玄凌内心痛快，她深知皇上痛快了才会在意有没有人让自己不痛快，结果借皇帝之手惩罚了轻慢自己的华妃远亲黄规全，剪去了华妃的爪牙；
>
> 甄嬛在倚梅园中蝶幸复宠，同样不急于侍奉皇上，而以风寒未愈为借口费劲心机日日婉拒，欲擒故纵，连续半月对玄凌欲擒故纵，让皇帝更是宠爱她，使得敬妃对皇后恨之入骨，坚定立场与甄嬛同盟。

想胜利,先美丽!

办公室最常见的一种情况:饮水机没水了。"谁能去换一桶水啊?"

这句话如果是瘦弱的男生说的,多半没人会答理;如果换作相貌普通的女生,公德心比较重的男同事就会去做;再如果换作职场美女,大概只需她轻轻嘀咕一声"啊,没水了?"起码一半以上的男生都会立马行动起来。

同样当两个能力相当的人去应聘同一个职位,形象好的也肯定更容易获得录用的机会。于是地球人都知道,长相好、气质佳的人更容易成功,这个规则不仅应用在情场上,职场上同样如此。

并没有人盲目崇拜美女,而是那个美女的审美愉悦度和舒适度,在办公室形成了一个小气场,以至造成了"美女说话好办事"的局面。

美丽总是让人心情愉悦的,外貌漂亮的女性在职场中更易受到同事以及客户的关注和欢迎。

我们不得不承认,当女人有了相当的学识与智能时,美色的确是在职场获得较好机会的秘密武器!

美丽的容貌,的确能够帮助职场女性顺利走向成功。无论职场多么硝烟弥漫,无论竞争多么刀光剑影,许多男上司、男同事、男客户仍然会对自己身边的美女另眼相看。

毕竟并不是每一个丑女都会有贝蒂那么好的职场运气,也没有一个男领导或者男同事喜欢与邋遢的黄脸婆共事。现代职场,只有既漂亮又有才华的女人才会变得无坚不摧、无往不利。

所以女人要想建立良好的人际关系,得到上司的重视,光靠埋头踏实苦干是远远不够的,还要善于利用女性与生俱来的特质,除了保持甜美的笑容,在自己的实力与才气之外,展现自己优雅得体的内涵和魅力,为自己在办公室的表现加分!

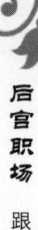

气质谈吐

气质谈吐是能影响到女性职业生涯的最重要的美丽元素,虽然外貌在女性与人初次交往的时候最能抓人,但随着大家了解的加深,气质谈吐会显得更为重要。

气质会由内而外显露出人的总体素质,一个有素养的气质女性,无论是跟上司、同事或者客户交谈的时候,总会记得使用"您"、"请"、"谢谢"、"辛苦了"、"您慢走"等礼貌用语,声音柔和、语调温柔、积极自信,给人留下良好的印象。

另外,可以巧妙利用女性娇媚和温柔的特质,作为处理冲突的润滑剂。女性还应当注意培养自己的幽默感,因为在适当时机加入适度的幽默,不但可以化解办公室僵局,还可以消除工作上的紧张和压力。

打扮着装

作为女性,不管在什么场合,一副干净整洁的妆容不仅是对自己的尊重,更是对别人的重视,办公室更是如此。因此不可无妆,也不要浓妆,淡妆最为合适。

在办公室,特别是大庭广众下扑施脂粉、涂口红都是很不礼貌的举动,所以若是需要修补脸上的化妆,必须到洗手间或附近的化妆间去。发型要大方干练,头发保持干净整洁,不要太多烫染;在着装上应符合公司的气氛,套装、高跟鞋是女人最经典的职业造型。尽量不要穿着个性夸张的服饰,低胸衣、迷你裙、露背装更不宜出现在办公室。

细节问题

头皮、体味、指甲、皮鞋的清洁等诸如此类细小的问题也是影响职业生涯的美丽元素。

有些人虽然很在意自己的穿着打扮,但却忽略了头皮健康和体味。深色外套上留下的头皮屑,和公司气质毫不搭调的潮流装扮,虽是名牌却过于浓烈的香水味,干净的套装下却是一双沾满尘土的皮鞋,这些看似细小的问题,往往会影响自己的职业形象,为自己减分。

还有,指甲虽然只是个细节问题,但却可能影响大局,过长的指甲、浓艳的指甲油都会给人留下不注重职场礼仪,也不懂得关爱自己的职场形象。

甄嬛的媚上策略：

复宠时，舍弃自己适宜而喜欢的柳叶眉装扮，精心工整地画皇上玄凌喜爱看的远山黛；

以神仙玉女粉每日擦洗脸面，使得皮肤光洁如玉，用红枣乌鸡补气，着云雁细锦衣裳，在容貌恢复更胜从前时，设计蝶幸一局，成功复宠；

就连华妃也深知容颜是宫中女子得宠的资本，所以在惩罚甄嬛时，也设法让其他嫔妃暴晒于烈日下，想让那些娇滴滴的美人晒得乌黑，唯独自己娇养得雪白，成为皇帝玄凌眼中唯一的美人；

甄嬛面部被狸猫松子划伤后皇上玄凌很重视伤口是否痊愈，甄嬛问槿汐皇上是否只爱惜自己的容貌，槿汐答得谨慎，甄嬛感叹：没有容貌，恐怕甚少有男子愿意了解你的心性，失宠后玄凌偶尔来看望，举目关注的，却是我的容颜，是否依旧好？

怀孕回宫时，为了让玄凌恋恋不忘，每日捣碎桃花敷面，摘了桃花、杏花和槐花熬粥，并辅以神仙玉女粉，以飘逸出尘的银灰色佛衣装扮"偶遇"玄凌，并以对镜研习过无数次的情态打动玄凌。

甄嬛在倚梅园中蝶幸复宠，同样不急于侍奉皇上，而以风寒未愈为借口费尽心机日日婉拒，连续半月对玄凌欲擒故纵，让皇帝更是宠爱她。也使得敬妃对皇后恨之入骨，坚定立场与甄嬛同盟。

远离 OFFICE 情感

在你的职场生涯中,你是否有过这样的经历和感受:在办公室里,会有来自某个角落的试探的目光始终围绕着你,那目光闪闪烁烁,带着心事,放着光芒。

接下来,会有一个人常常在你身边走动,偶尔抛下一两句不冷不热的话,下班后手机信息会频繁地提醒你他在关注你,慢慢的,加班的晚上,他会为你订上一碗热汤送来。甜蜜的气息开始在周遭逐渐发酵。你开始变得期待上班,变得重视自己上班的穿着,变得每天早上醒来,嘴角都带着微笑。

这所有的一切都在预示你即将开始一段OFFICE恋情,同时也代表你将接受列位同事异样目光的拷问。

办公室恋情的发生常常毫无征兆,等意识到了的时候已经深陷其中,想退步抽身都不大容易。它与员工上班炒股、玩电脑游戏没有什么区别,工作和私情搅在一起,不仅会影响上下级或同级的正常关系,也会使工作陷入尴尬的局面。所以不管对方是你的上司还是同事,办公室恋情都会或多或少让你的事业打折。

Cancy颇有些才气,原来在公司公关部工作,负责编写公司内刊和新闻统发稿。

在公司的头一年里,Cancy成了公司内刊的主要写手,要是有重大的新闻发布会,公司也一定请她"捉刀"。老板看Cancy能写、文笔好,就把她调到身边当秘书。

Cancy的迅速"窜红"引起了别人的嫉妒,她本来就有些恃才傲物,为人清高,当上了经理秘书后更是"眼睛长在额头上"。偏巧公司公关部新来的一个小男孩谦虚好学,总是不断找Cancy请教内刊的制作、稿件问题,来往多了,想象力丰富的同事立刻开始捕风捉影,并且说得有鼻子有眼。

公司本来就有"内部员工间不得恋爱"的规定，Cancy的"绯闻"传得满城风雨，老板身边是待不下去了，虽然没有丢掉饭碗，却被贬回了原来的岗位。

所以，当你陷入办公室恋情，如果对方是你的同事，那么相信任何老板都会反对办公室恋情在本公司发生。道理太简单了，公司是紧张有序的工作场所，而不是花前月下的公园、卿卿我我的河边。只要你是个正常人，你就很难做到对近在咫尺的情侣坐怀不乱，在老板眼里这必然影响工作效率。即使你假装得像一头老黄牛一样工作勤勤恳恳，对恋人视而不见，你的老板也会怀疑你是不是在用QQ、MSN或者邮件与对方谈恋爱。

不要抱怨老板的胡乱猜疑，站在他的位置上，你一样也会这么想。所以很多公司为了防止办公室的故事愈演愈烈，避免男女关系影响公司正常运作和效率，都明文规定男女职员禁止在公司谈恋爱。一旦你真的与你的某位同事陷入爱河，那你们只有两条路可走，要么你离开公司，要么你的爱人离开公司。

如果那个他是你的上级，不要指望他是你事业上升的阶梯，更别指望办公室恋情会为你的事业锦上添花，雪上加霜的可能性反而不小。

四面楚歌的困境无法避免，他的朋友未必视你为朋友，他的竞争对手更不会成为你很亲近的朋友，如果你把精力都用在和领导的周旋上，关系过于亲密，就会被认为是领导的人，被同事认为是领导的心腹和安插在他们之中的间谍，自然会引起同事们对你的戒备，以及某种不必要的猜测。也许很多人会在背后议论你"看重的不是人，而是权力和金钱"，负面压力可想而知。即使你"君子坦荡荡"，也总有"小人常戚戚"。

你认为没有什么，在别人眼中却产生了不好的影响；在工作上，他为了撇清任人唯亲的嫌疑，在你的职位升迁上可能会保持"铁面无私"，避免"小辫子"给别人当把柄，无形中成为你事业发展的障碍；即使你有机会获得提升，就算你德才兼具，还是会有风声说你凭借了裙带，这种不公平对于办公室恋情中的女性太过平常。

对职业女性而言，办公室恋情是一份危险的感情。在人事纷杂的公司环境里，办公室恋情对想成就事业的人来说更是块炙手的山芋。不仅如此，如果办公室恋情的主角已经"名花有主"或是"名草有主"，那么这种恋情的性质还存在着人品留下污点的高风险。

一度热播的电视剧《错爱》中，医生谢季文和护士同事周佳丽就是典型的办公室恋情的主角，他们的背叛刺激了谢季文的妻子张玫，她在愤怒之下刺伤了周佳丽，自己也因此入狱。谢季文和周佳丽虽然最终走到了一起,但是却为自己的行为付出了巨大的代价,周佳丽用自己的后半生来弥补自己犯的错,谢季文也在内疚中郁郁而终。

所以,对于想成就事业的女性来说,面对办公室恋情的诱惑最好是理智地选择逃避。

另外,当面对各种各样的诱惑时,不管面对上司还是同事,首要的是要有独立自主的思想,更不要抱有依附于他人的想法。在办公室与男性上司或同事之间相处时,要适当注意保持距离,避免闲言碎语。

与男上司与同事保持正常的空间距离

在人际交往中,空间距离的不同会产生不同的心理效应。正常的人际交往中,要保持一定的空间距离。办公室的工作也一样,只有保持一定的空间距离,你才能和上司及同事相处得宜,正常开展工作。

不要单独与男上司在一起

如果没必要,最好不要和男上司单独在办公室谈工作。独立的办公室给外人的印象是具有私人空间的地方。如果上司与你谈工作上的事情,你在进办公室之前能和自己的一位同事一起前往;需要单独与上司谈话时,也要和自己的同事打声招呼,让他们知道自己的行动而不被猜疑。另外,在与上司交往时,表现要落落大方,不要因为一些细节让对方误会,甚至产生错觉。

不要轻易到上司家里去

家是一个私人的空间,而不是一个公共场所或工作场合,不要轻易到上司家中。只有与上司的私交达到一定程度时,才有可能到对方家中去做客。作为女性如果到男性上司的家中,往往就意味着彼此之间关系已经不同一般了。

应对上司的做媒

工作卖力、业绩突出的你深得上司的赏识,他会非常关心你的终身大事。当上司要向你介绍一门亲事或谈论相关话题时,你如果一口拒绝,将会影响你与上司的关系;如果应约前往又与自己的初衷相背离,所以你需要小心处理,妥善应对。

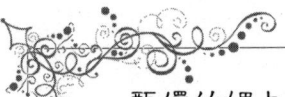

甄嬛的媚上策略:

甄嬛原以为玄凌是她的"良人",一心痴爱却换来皇帝的绝情,被逼离宫,受尽苦楚;

眉庄原以为自己一番情意得一眷顾,被人陷害却换来皇上无端猜忌冷落,伤心绝望;

华妃真心喜欢玄凌,以一个女人独占一个男人的方式去爱,岂料玄凌召她入宫的目的只为克制政敌,而非真的宠爱于她,明白真相后的她触柱而死;

贞妃痴情皇上,为皇上祈福至虚脱,皇上却在她怀孕时撩拨其下人赤芍,更不顾其感受晋升赤芍位份,让贞妃伤心绝望,几乎难产而死;

摄政王辅佐玄凌登位,与太后有私情,但因危及皇位,被枕边人手刃而死;

甄嬛与玄清真心相爱,玄凌与纯元伉俪情深,安陵容与甄衍情愫暗生,舒贵妃与先皇痴爱一生,太后与摄政王私情暗藏,浣碧痴爱玄清,但最终纯元死于玄凌眼前,玄清死在甄嬛怀中,安陵容死在见过甄衍之后,先皇死在舒贵妃眼下,摄政王亡于太后剑下,浣碧为玄清殉情;

连甄嬛也感叹:情意在后宫中是难能可贵的,情意在后宫中又是那么漂浮不定的,这样的后宫让人不敢妄想真挚的情感,因为无数女子在寻求情意的过程中都会伤痕累累。位高人愈险,表面风光,背后的辛酸他人岂能知呢?

卑贱如安陵容,没有家世背景,没有绝世美貌,但却一直荣宠不绝,屹立不倒,便是因为皇后的提携。

跟着你，有肉吃！

《金枝欲孽》中，如妃对孙白杨说："在皇上的后宫，本来就该像个大家庭，不过人多了就会分门户，有门户亦会有矛盾。在门户和矛盾之间有人想置身事外，有人想左右逢源，但本宫想告诉你，只有坚守立场，忠贞不二的人，她的性命才能长久。"

在尔虞我诈的后宫，主子们喜欢忠诚不二的下人，同样，在钩心斗角的职场中，领导也更器重对自己忠诚的员工。

但是，在职场选择多样化的今天，"忠诚"这个字眼似乎越来越不受年轻人的青睐，反而"跳槽"两个字则成了挂在人们嘴边的口头语。但是事实证明，"忠诚"在领导眼中的分量往往是最重的。就如同一个男人可以容忍妻子的野蛮，却不能容忍她的背叛；一个将军不害怕敌军的强大，却害怕祸起萧墙出现泄密的内奸；一个领导可以原谅底下员工的工作失误，却绝对不会原谅员工吃里扒外。

在公司里，领导需要的人包括两类：一类是能干活的，一类是忠诚于他的。但是如果你仅仅是个只干活，而看不出对他多忠诚的人，你一定没有太大的晋升机会；如果你对他忠诚不二却没有很强的业务能力，没关系，晋升机会也会有。所以，在领导眼中，有时候，忠诚比能力更稀缺。

忠诚近来被包装成不同的字眼："诚信""主人翁精神""责任"等等，但是，不管形式如何变化，对老板忠心始终是它最核心的内容。在领导眼中，忠诚的员工不仅是自己利益的创造者，更是公司在暴风雨时的避风港湾。他们都知道自己辛苦建立起来的基业如果交给一个不忠于自己的人，他受到的损失要远远大于任用一个能力稍低但绝对忠诚的人。

一家世界500强的外企曾经想高薪招聘技术总监，应聘者络绎不绝，都想得到这个职位。第一轮笔试时应聘者都发现考卷里面有这么一道题："您曾任职过的企业经营成功的诀窍是什么？核心技术是什么？"大家看到这个考题的时候都犹豫了，核心技术是公司生存的资本，作为技术人员，是绝对不应该透露这些的。但是面对世界500强的高薪诱惑，如果不答可能相比其他人就失去了竞争的机会,很多人最终还是动摇了。很多应聘者甚至为了展示自己的才华,奋笔疾书,洋洋洒洒,将考卷答得满满的。

唯独一位从工厂下岗的高工,手中的笔迟迟落不下去。多年的职业道德在约束他:厂里的数百名职工还在惨淡经营,我怎么能为了自己的饭碗出卖培养了自己这么多年的工厂呢?他思前想后,在简单地留下"无可奉告"四个字后毅然走出了考场。

招聘的结果却出乎意外,这位高工被外资企业聘用了,而且签订了终身的聘用合同。那道题是这家外企专门为考察应聘者的道德和对企业的忠诚度而设的,在这个企业,最重视的就是员工对技术的保密和对企业的忠诚,通过这个题目可以让他们很好地识别应聘者中那些"卖主求荣"的小聪明者。

中国人一直信奉"德才兼备,以德为先",而最大的德则莫过于"忠诚"。忠诚是我们的做人之本,更是立身职场的根本。

当然,忠诚并不意味着从一而终,更不是媚俗,它是一种职业的责任感,是承担某一责任或从事某一职业所表现出来的敬业精神。我们为人父母,为人子女,为人朋友,需要忠诚;工作中为人下属,为人上司,为人同事,也需要忠诚。李嘉诚先生就曾经说过:"做事先做人,一个人无论成就多大的事业,人品永远是第一位的,而人品的第一要素就是忠诚。"

《无极》中,昆仑对大王说:"跟着你,有肉吃!"忠诚是一个员工的优势和财富,它能换取老板对你的信任和坦诚,能换来同事对你的赞许,更能换来你的成就感。如果有了忠诚的美德,总有一天,你会发现它会成为你巨大的财富。相反,如果你失去了忠诚,那你就失去了做人的原则,失去了成功的机会。

《士兵突击》热播后,有很多人不明白为什么聪明的成才总是得不到连长和老A袁朗的待见,反而对许三多情有独钟。实际上,他们在"忠诚"和"前途"中的选择,决定了连长和袁朗对他们迥然不同的态度。

钢七连最珍视的六个字中的三个:"不抛弃"。不抛弃就意味着对团队的忠诚。连长开始看不上许三多,就是认为他那副熊样不像能懂这份荣誉感的人,但是同样一直瞧不上许三多的副班长伍六一有一次夸许三多总算做对了件事,那就是因为他面对袁朗的诱惑,面对更好的去处坚定地回答自己是钢七连第4956个兵,显示了他对钢七连的无比忠诚。

而成才之所以得罪了全连的人,不仅是因为他离开了七连,更重要的是他在七连输了演习的关键时刻选择离开。在讲求"不抛弃、不放弃"团队精神的钢七连里成为了一个为了前途跳槽的逃兵。所以,正是因为他"背叛"钢七连,转去红三连;抛弃队友伍六一,独自奔向终点。这样两个一念之差的简单选择，注定了成才和许三多的不同道路。

忠诚是一种信念和态度，更是一种行动。你对老板的忠心，无疑是给自己的职业生涯加了一个非常有分量的砝码，让自己在激烈的淘汰赛中多了一项胜出的资本，成为职场中最具有战斗力的武器。

带着忠诚二字上路，到哪里你都能成为让老板赏识的员工，随时都有成功的机会等着你！

甄嬛的媚上策略：

在玄凌加封汝南王子女后不足一月，汝南王再度请封，要求皇上玄凌追封死去的生母玉厄夫人为玉贵太妃，并迁葬入先帝妃陵，汝南王不顾先帝颜面，不把皇上放在眼中，最终惹得玄凌下定决心铲除汝南王；

六王爷玄清虽有治国之才，但一切与军务及自身实力有关的事情都是能避就避，韬光养晦为玄凌治汝南王，应对赫赫国挑战；

甄嬛帮助皇帝玄凌处理汝南王要求加封，有干政之嫌，太后因甄嬛涉政敲打甄嬛，甄嬛以皇帝存在后宫及自己才能生存的忠诚理由换来太后安心；

胡蕴容身份高贵，野心十足，处处昭示自己有"贵妃"之意，并流露夺后位的野心，所以成为皇后眼中必除之人。

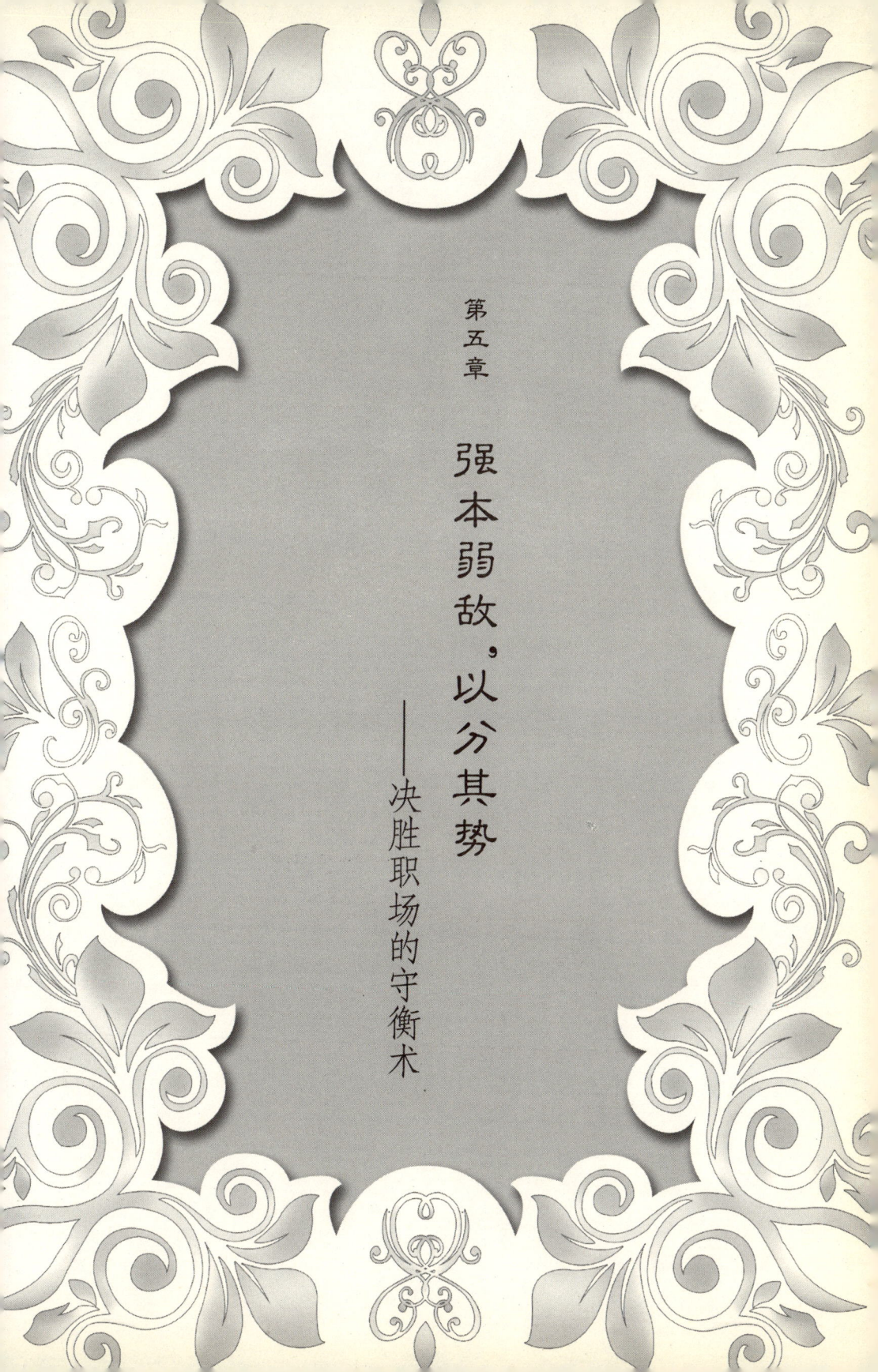

第五章 强本弱敌，以分其势
——决胜职场的守衡术

冷静应对职场冲突

"王经理，我答应了客户下个月10号交货，你们部门能不能准时交货？"销售经理丁小姐问生产经理。"不可能！"王经理干脆利落的回答让一团乌云笼罩在了两人的头上。"怎么不可能？况且我已经答应客户了！""就是不可能！你答应客户前怎么不跟我商量一下？"……两人头上顿时电闪雷鸣，一场冲突就这样发生了。

这种冲突的场景，经常在办公室里上演，我们并不陌生。工作需要不同部门不同人员之间的相互配合，有接触就很容易发生矛盾冲突。部门间利益出现矛盾、大家意见不一致、信息不对称造成的相互误解或者是处理问题的方式上欠妥当，甚至仅仅是没有处理好个人情绪而带到工作中引发的冲突，在职场中是司空见惯的，也是不可避免的事情。

同事与你在一个单位工作，几乎日日见面，彼此之间免不了会有各种各样鸡毛蒜皮的事情发生，个人的性格、脾气禀性、优点和缺点也暴露得比较明显，尤其每个人行为上的缺点和性格上的弱点暴露得多了，会引出各种各样的瓜葛、冲突。

从前，有一高一矮两个人，从一座独木桥的两端同时走向桥中间。相遇时，矮个子说："我急着赶集做买卖，你让我先过吧。"高个子说："我外出多日，今日归心似箭，你就让我先过吧。"……就这样，高个子和矮个子在桥中间就你一句我一句争了半天，推推搡搡，一不小心双双坠入河中，被湍急的河水冲得无影无踪。

两个人彼此针锋相对，不仅没有把事情解决，反而使事态恶化。其实很多时候矛盾冲突都是可以化解的，如果高个子让一步，或矮个子退一步，肯定不会弄得两败俱伤。

我们都喜欢充满冲突的小说和电影，认为没有冲突情节的电影或小说，犹如淡茶一杯，没有吸引力，但是对工作和生活中的冲突相信没有一个人喜欢。特别是在同一个办公室里工作,大家抬头不见低头见,如果出现冲突,处理不好或根本就不去认真面对与同事间的冲突,原本犹如细雨般的意见分歧就有可能逐渐升级,演变成狂风暴雨。情绪上的激动、愤怒、沮丧,又会使人际关系受到影响。而人际关系的恶化,又会带来更多的冲突。使我们处于恶性循环中。

职场当中往往有一部分人如同故事中的两个人,不知道如何面对冲突,更不知道如何解决与同事之间的冲突。每次遇到冲突时,交给自己的本能去决定。这样,与同事之间的矛盾越积越深,严重影响自己的职业发展。

办公室是一个复杂的地方,不同性格的人相处起来并非容易。但是,只要你懂得与同事相处的方圆艺术,在工作中加以巧妙地利用,你就能正确地处理好与同事间的各种关系,左右逢源,不会受到伤害。

避免冲突最好的办法就是善于询问与倾听,努力地理解别人。只有善于倾听,深入探测到对方的心理以及他的语言逻辑思维,才能更好地与之交流,从而达到协调和沟通的目的。同时,在沟通中,当对方行为退缩、默不作声或欲言又止的时候,可用询问引出对方真实的想法,去了解对方的立场以及对方的需求。

如果避免不了地出现冲突,那么一定要巧妙地应对。

首先,当我们面对冲突时,一定要与对方坦诚相待,通过多种手段与其进行积极沟通,把事情真相和自己的观点清楚地展示给对方,让对方理解。"态度决定一切",以坦诚、相互包容的态度处理冲突,往往更能赢得支持和理解,使冲突处理取得意想不到的结果。否则,如果遮遮掩掩、隐瞒,则会给对方造成更大的伤害,彼此心存芥蒂,最终不利于冲突的处理。美国职场教练米兰达·肯尼特曾建议人们在发飙之前先花些时间,以冷眼旁观的心态诚实地自省,分析一下这个人为什么针对你:他只这样对待你吗,是否也这样对待其他人?这个人是不是让你想起谁来了?很多时候,一个人在你面前的表现不代表他的本质,而是你给他加上了某种个人标签。

其次,面对冲突不要固执己见,那样只会让双方争得面红耳赤,要与对方设法进行正面思想沟通。在沟通的内容上,还是要针对具体事情做讨论,做到"对事无情,对人有情"。应该看到,大家出现分歧争执是由于各司其职,但是总的出发点是要维护公司利益。在这个共同的前提下,没有什么事情是不可以谈的。只要双方都是真诚的,看似麻烦也会变得很简单。

有一些人喜欢追根究底,死缠软磨,但是有些事是永远也搞不清楚的。各说各的词,各道各的理,僵持下去也分不出谁对谁错,此时我们就应该停止对抗。

另外,在冲突发生后,一定要想办法解决问题,冲突一旦发生了,沉默是不对的，或当事情没发生过更不可以。解决冲突不要拖，事后沟通越早越好，时间拖得越长，双方心理上的芥蒂越深，化解起来就越麻烦。

况且，在办公场所发生争执，对其他同事和同事间的正常关系都会造成不良影响。尽快化解矛盾甚至敌对情况，在办公室里这种姿态是非常重要的。

其实，职场向来就是"是非"多发地段，在这样的环境里工作，就要学会如何减少冲突，让自己快乐地与同事相处，积极投身到工作中去。

甄嬛的守衡策略：

初入宫，面对华妃的强势和打压，甄嬛选择和皇后结盟，后扳倒华妃撞死冷宫后，鸟尽弓藏，皇后陷害甄嬛误穿纯元故衣，妄图陷害甄嬛失宠，甄嬛回宫后联合昌妃胡蕴容对付皇后；

在华妃晋升为皆华夫人正当气盛时，安心养胎，甄嬛不去招惹她，在华妃独占春色下，维持着小心翼翼的平静；

凤仪宫中赏花时甄嬛助皇后与华妃斗口舌，华妃扯断珠链妄图一箭双雕陷害甄嬛，被甄嬛机智避过；

皇后利用李长与甄嬛贴身心腹对食一事大动干戈，想铲除甄嬛羽翼，甄嬛精心谋思，成功救出槿汐与李长；

宫中关于甄嬛肚子过大流言四起，甄嬛按兵不动，悄然收集背后诋毁之人名单，后一一惩罚；

皇后在甄嬛为徐燕宜（贞妃）之子准备的衣物上沾染天花痘浆，陷害甄嬛谋害二皇子，离间甄嬛与贞妃之情，甄嬛以自己失子之事由己及人，终让贞妃相信自己；

诞下双生子、封为淑妃甄嬛荣宠至极，然而争斗仍然继续，妃子间为龙宠争斗，暗藏的危机仍叫人心生寒战，甄嬛被指与温实初有奸情、好姐妹眉庄被人害死、心爱之人玄清娶自己的妹妹为妻，甄嬛均冷静处理。

亲贤人，远小人

"阎王易见，小鬼难缠"，连圣人孔子也曾经感叹"小人难养"。古往今来，小肚鸡肠、忌贤妒能、睚眦必报、见利忘义的小人一直没间断地活跃在历史的舞台上。现代竞争越来越残酷，公司犹如一个小社会，形形色色的人都会存在。即使是在团队合作精神盛行的今天，依然难免有一些嫉贤妒能、搬弄是非、抢功藏私、挑拨离间的小人。他们就像潜伏在黑暗中的蝙蝠，在暗处窥探着身边的一切，一旦发现猎物，就会不遗余力地扑向对方。

林欣一流学府研究所毕业，头脑灵光、伶牙俐齿，年纪轻轻，已经是大型外商公司的客服经理。事业心旺盛的她，将大部分的时间和精力都投注在自己喜欢的工作上，深受上司的肯定！但她也从不因为年轻得志而骄傲，相反的，总以极大的热诚去协助工作伙伴和下属员工，并尽最大的努力把工作做好。

不过，也许是因为她表现太优秀，让公司的一部分人开始感到压力，公司开始莫明其妙的有一些谣言，说林欣为人骄傲，对同事不友善，而且对客户态度也很蛮横。结果连总经理都亲自下来测试她。虽然她顺利地通过了总经理的考验，让谣言不攻自破，但谣言还是没有停止。林欣不知道自己到底做错了什么？得罪了谁？她感觉非常受伤。一直很努力工作及善待下属的她，一时之间对人性充满了怀疑，不由得心生了离职的念头。

俗话说，林子大了，什么鸟都有。职场这林子，什么人都有，有提携我们的贵人，自然也就少不了有处处与我们为难的小人。他们上蹿下跳，或在明处，或在暗处，无论你怎么小心谨慎，也难免被他们盯上，轻则踩你一脚，重则踩着你的肩膀往上爬，害得你难逃劫难。

正所谓"人在江湖漂，哪能不挨刀"，你可以不上学，你可以不上网，你可以不上当，但是你就是不能不上班。身为上班族，我们就无法远离职场的种种无奈,更无法回避如同蟑螂一样哪儿都存在的职场小人。

所以提防小人是我们必须学会的本领,即使我们不屑与小人为伍,但是我们也不得不防,以减少不必要的麻烦。

对于嘴巴甜爱奉承的小人,你必须升起你的警戒网,和她保持距离,以便好好观察,如果你冷静的不予热烈回应,若对方有不轨之图,便会自讨没趣,露出原形。不过,为了避免以言废人,你也不必先入为主地拒她于千里之外。

有的小人是笑面虎,心口不一,这些人往往当面一套,背后一套。对付这种人,说话谨慎,客套寒暄即可,要避免流露出内心的秘密,更不可和他们谈论私人的事情,如果你批评或谈别人隐私,绝对变成他们兴风作浪的把柄,或是作为日后报复你的筹码;如果你将他们当作你的倾谈对象,已经预示你将自己送入了谣言的深渊;如果他们批评或谈别人隐私,你要立刻中止,一句都不要听,因为无论如何,他们绝对会嫁祸给你。对付这种类型的小人,最好的方法是保持礼貌性的交往。

墙头草似的小人最大的特点便是没有自己的主见,见利思迁,哪边好哪边靠,所以她们的待人处世会以利用做取向,也会为利而背叛良心,伤害亲友,可以今天和你好,也可以明天将你害;所以和这种人,不必有利益、人情上的往来,甚至宁可故意向她们显示你无利可图的一面!

还有一种善于隐藏的小人,工作中他们假装无能,一直遵循"干得多,错得多"的理论,但是出现功劳时还是想分一杯羹。对付这样的人,最需要注意的是保管好自己的资料和劳动成果,因为当你一不注意时,这样的小人会拿了你的成果署上自己的名字,还要防止出现问题时他们推卸责任。

工作中,千万别踏进小人的利益圈。一般小人经常是成群结党,霸占利益,形成势力。也千万别想靠他们来获得利益。因为你一旦得到利益,他们要求的回报会比你得到的还要多,到时候想脱身都不容易。

对付不同类型的小人,除了交往不要太深,还要注意尽量不要得罪他们。小人之所以不可得罪,还是因为小人内心深处强烈的报复欲望。他们会对现实中或者猜想中的敌人义无反顾地去打击报复。"明枪易躲,暗箭难防",他们会一次一次地实施阴暗的打击行为,跟他们交手不仅会无谓地损伤自己的精力,还有可能防不胜防。所以,对于小人,可以尽量采取回避的方法。

甚至,吃点小亏让小人尝尝甜头也无大碍,他们有时候也会因无心之过伤害了你,如果是小亏就算了,如果你找他们理论反而会结下更大的仇。只有这样才会使自己和他们之间的距离远一些,把伤害减到最低。

当然,凡事逃避总不是办法,如果对方太过分,我们也不能一让再让,而必须给以相应的反击。与其被动挨打，躲在被窝里暗自垂泪，不如主动迎战，给他们一些警示。这样的话，就需要事先做好各种防范准备，对于他们可能采取的方法和手段有所了解，所谓知己知彼，才可立足自保。另外，还要考虑以后仍要跟他们继续相处下去，所以需要注意时间和地点以及影响范围，最好不要影响工作和扩大到需要领导出面协调的地步。

甄嬛的守衡策略：

　　甄嬛与端敬、刘德仪合谋欲以安陵容佩戴之香囊有麝香对徐婕妤不利扳倒安，却被安以香囊是复香轩杨芳仪所赠转而陷害，杨梦笙废为庶人，为证清白自杀；

　　华妃得宠、眉庄失宠后，众人猜测会累及甄嬛，于是内务府主管黄规全将凋谢石榴摆放到甄嬛宫中，甄嬛心知"若一味忍耐反倒让旁人存了十分轻慢之心"，于是让下人将石榴摆放到显眼位置，并不动声色地讨好玄凌，让玄凌以己乐为乐，借玄凌之手将黄规全打发去"暴室"服役；

　　回宫后，知晓福嫔和祥嫔争宠，为惩罚祥嫔的盛气凌人特以珍珠糙米汤惩戒她；

　　甄嬛弹压穆贵人等并将怨气引至安陵容身上，引得穆贵人对失宠的安百般戏弄，使得小人与小人相斗；

　　徐燕宜（贞妃）不懂与小人周旋之法，使得宫女赤芍气焰高升，屡遭奚落，并为之动胎气难产，几欲丧命。

该出手时就出手

有一句话说得好："如果你是一只斑马,必要的时候,还得表现得像一只狮子。"因为,当你面对竞争或冲突时,不能保证斑马永远是和一群斑马在一起,所以,当狮子出现,你就得装扮成一只狮子,至少对真正的狮子有威吓的作用。

在职场中,充满着世俗光鲜的体面和平步青云的诱惑,背后也充满了人际的诡谲、攀爬的艰辛和竞争的陷阱。

办公室作为一个由人组成的团队,每个人都有自己的优先顺序和利害关系,为同一个职位斗争、为谁负责项目斗争、为争取某一个机会而斗争,种种情形不可避免。有些人一听到职场与竞争对手的争斗,第一个反应就是避而远之,不愿意卷入办公室的尔虞我诈里,遗憾的是,那些想要明哲保身、图个耳根清净的上班族,最后还是没有脱离是非圈。

曾经有人总结到:"混迹职场十几年,现在我知道,哪里都有斗争。你不跟别人斗,就会被别人斗。",所以更多的人在"与其,不如"的原则下,都被迫参与了与同事、对手之间的斗争。

想要取得斗争的胜利,最重要的是战略意识,在很多时候,我们不可避免的要比对方弱小、比对方被动,一时陷入被动局面情有可原,但永远被动,时时受制于人,却会最终使自己落后于人,落得被动挨打的局面。所以在职场竞争中,面对强硬的同事,一味地妥协并不是最好的办法,有力的表达自己的观点和立场非常重要,可以学会适当的强硬,抓住对方的心理,迫使其就范,从而使自己占上风。

先发制人,后发则制于人。

《杜拉拉升职记》中曾给我们现身说法——杜拉拉想明白自己没有退路后,便横下一条心,强硬的对王伟说:"项目的工期太紧,半天我也要争的。不好意思,大卫(王伟的英文名),今天的搬家安排事先开会和各部门都协调好的,你们部门也是同意这个计划的,到下午6点,这一半的场地就得清场。时间一到,这边所有未打包的东西,都会被当成是各部门不要的东西清走。而且电话和电脑网络也会卡断。为了不影响大家明天办公，也避免有用的东西被当成垃圾清走，真的要请各部门抓紧打包好有用的东西。"说完，她头也不回地转身走开。

在与同事的竞争中，当忍让的竞争技巧不能取得预期的目标时，采取强硬的说话方式也许能给对方造成强大的心理压力，从而使自己取得成功。就如同两军对垒，谈判者也往往要打"攻心战"，使对方"先惶其心，再服其理。"通过陈述情理，向对方晓以利害关系，改变其心态，从而放弃原来的认识和主张，不失为一种更为直接和效果更明显的攻心术。

在竞争的过程中，最重要的是要有积极主动的意识，采取更加灵活、更有策略的方式，努力改变不利现状和被动的局面。在对抗的时候，给对手施加压力，要给对方一种压迫感，让其在心理上畏惧你，然后他就会一步步退让，最后迫于强大的压力而主动放弃原来的要求，向你妥协。

另外，以全局的眼光对形势作出正确的判断，以超前的意识作出明智的对策，才能使自己长久地拥有主动权，趋利避害，才能在竞争中不断取得胜利，如果能够事事都领先一步，在对手之前加以压制，始终牢牢控制有利局面，就必然能带来辉煌的胜利。

对于办公室一族来说，最大的问题往往不是来自工作上的技术困难，而是来自人际上的责难。这个时候，要做的不是退缩、委曲求全，而是善于做一只温良但亦有利刺的刺猬，适当地为自己的权益争辩。在该强硬的时候强硬，该软和的时候软和。

李丹是一家公司老总的女儿。刚刚大学毕业的她不愿意进入爸爸的公司接受爸爸的荫护，便经过爸爸的介绍到了另一个公司。

在开始的一两个月，李丹的部门经理，也就是爸爸的朋友对李丹很是照顾，再加上李丹确实很有能力，因此对李丹寄予了很大的希望。李丹的工作做得舒心而快乐。然而，两个月之后，原来的经理升职了，来了一个新的经理，这下子，李丹的日子不好过了。

新任经理总是有意无意地找李丹的茬，不仅在工作上处处为难她，还在部门内部散布李丹与前任经理的关系，说李丹根本没有任何的能力，完全是靠关系才进公司的。李丹后来才知道，现任经理与爸爸的朋友，也就是前任上司之间有很深的矛盾，二人在工作中也一直是处于敌对状态。现在，现任经理看到自己的老对头已经升职了，自己却来补他的缺，心中觉得特别的窝火。他知道前任经理与李丹的关系,于是决定把这口怨气撒到李丹的身上。

他对李丹充满了恨意,处处为难李丹,希望借助李丹来给前任经理难堪。刚上任还没有几天,上司就开始拿李丹出气,每次部门例会,李丹几乎都要被点名批评,甚至是不管有错没错,都一顿批评再说。而对于其他同事,顶头上司却显得十分关心,从来都是大事化小,小事化了。

更让李丹难以忍受的是,几乎所有的同事都倒向了现任经理,开始用另一种眼光看待李丹。李丹被同事们孤立起来了。更甚的是,有几个同事是现任经理的忠实下属,开始当着李丹的面对她冷嘲热讽起来。有一次,气得李丹当场掉眼泪,几次想辞掉工作,但是想到自己当初的豪言壮语以及对爸爸的保证,她不能就此认输。不过她清楚自己不能再忍受了,她必须要采取一些行动,找到自己在公司的立足之地。

有一次,现任经理把自己的一份文件弄丢了,但结果却不知怎么在李丹的办公室抽屉里找到了,于是现任经理借机找她"谈话"。这次,让经理自己大吃了一惊,他没想到李丹竟然拍案而起,扯着嗓子对他说:"在没有调查清楚事情的真相之前,我希望你不要如此污蔑别人。同时,我还要说,首先我根本没有拿你文件的时间和动机;其次,你有什么权力翻我的抽屉?"现任经理愣住了,继而怒不可遏,但是李丹说的句句在理,他只得当着其他同事的面灰溜溜地走了。但是从此以后,他对李丹的态度便开始有所收敛。

所以,在职场上要学会做一只温良但不"温顺"的刺猬,不主动去伤人,但是一旦遇到危险,也要能够张开自己的"武器",从而实现有效的自我保护。

职场中的不幸,对于一个强者来说,就是一块垫脚石,对于一个弱者来说,就是一块绊脚石,而无论是垫脚石还是绊脚石,始终还是同样的一块石头,只是利用的方法不同而已。对于现任上司对自己的百般刁难,李丹刚柔并用,既不懦弱也不自傲,而是在隐忍中待机而发,一举成功,让对手知道自己并不是软弱可欺的,一旦逼得太紧,一切结局只会让对方自己掂量着办。

甄嬛的守衡策略：

华妃复宠在紫奥城避暑碰到甄嬛后，华妃侍女乔采女为讨好华妃对甄嬛出言不逊，甄嬛知乔采女一味奉承华妃，毫不退缩，对乔采女明褒暗贬；

甄嬛晋封从四品婉仪，余更衣指使宫女花穗、太监小印子在甄嬛药中下毒，被甄嬛人赃并获加捅破冒充欺骗之事而被赐死，甄嬛初染血腥；

甄嬛使计装神弄鬼逼疯丽贵嫔供出华妃指使余更衣谋害甄嬛一事，在皇后配合下华妃被褫夺协理六宫之权，丽贵嫔被打入冷宫，成功打击了对手；

甄嬛被封为淑妃后荣宠之极，知道肚子里的孩子注定早夭后，为了成功扳倒皇后，自己捶肚成功嫁祸皇后；

连眉庄亦不惜用火自伤陷害打入冷宫的华妃，让皇上下决心赐死华妃；

胡蕴容为了打垮甄嬛夺得后位，向玄凌告密甄嬛与玄清有情，害死玄清，甄嬛心死性情大变，最终在柳絮纷飞时骗胡蕴容出门，害其死于哮喘；

就连甄嬛自己都感叹：我并不是个良善而单纯的女子，我逼疯了秦芳仪、丽贵嫔，亦下令绞杀了余氏，我何曾清白而无辜，我和宫里活得好的人一样，是踩着旁人的血活着的。

别着了友情的道！

小康是通过部门总监助理王亮面试入职的，所以入职后，小康一直视王亮为好朋友，加之两人年龄相仿，小康在工作中遇到什么事情都喜欢和王亮说，王亮也总是一副体贴入微的样子。

小康入职一个月后因为表现很好提前转正，但是工资水平却并不是像之前总监允诺的那么高，小康很气恼，便在MSN上跟王亮抱怨总监说话不算话，让她有种受骗的感觉。王亮一面安慰着小康，一面表现出义愤填膺的样子在MSN里历数总监的出尔反尔，还告诉小康在适当的时候她一定会去总监那里为小康争取。

一番话下来，让小康对王亮感激不已，觉得即使工资争取不下来，在这个公司里，有王亮这么好的一个姐妹也值得了。

谁知周五部门开例会，原本对属下态度和蔼的总监却像变了个人，先是对因拿笔记本最后进门的小康冷冷地说了一句："开个会还要我等你啊？"在安排了部门工作后，总监又黑着脸跟大家强调，如果工作上有什么意见希望大家直接跟他反映，而不要在背后嚼舌头。听到总监的话，小康脸上红一阵白一阵，恨不得找个地缝钻进去。

但善良单纯的小康宁愿相信是王亮为自己争取的时候说错了话，也不愿意承认是最好的姐妹在总监面前出卖了自己。直到有一次，小康帮总监接收文件时，正好看到王亮发给总监的消息，内容正是另一个女孩向王亮抱怨工作任务太重的事情。小康一下愣住了，没想到好姐妹居然会是一个专门告密的办公室小人。

在职场里，随着工作时间的加长，午餐地点选择的局限和团队活动的增多，在公司里没有任何朋友基本已经成为不可能的事情。和同事做朋友，可以帮助你尽快地适应新的职场角色，在很多方面会对你的事业发展有很大帮助。他们可以在工作上对你的表现提出意见和建议，在你需要的时候为你提供支持。让你在工作中保持愉快的心情，甚至提高工作效率，但是这种朋友大多仅限于完全无利益冲突的朋友。而一旦与各自的利益挂钩，友谊将会脆弱得不堪一击。

《金枝欲孽》里，淑宁、元淇、尔淳从小一起长大，三个女孩情同姐妹，但是入宫后，仅仅因为元淇早淑宁一步得到皇上的眷顾，淑宁便亲手害死了自己多年的姐妹。而尔淳为了替自己死去的妹妹报仇，又不顾与淑宁的姐妹之情，在元淇的房间里装神弄鬼，最终将淑宁逼疯。

《宫心计》中钟雪霞和阮司珍本是好姐妹，但为了争权夺利逐渐有了心结，再加上蔡尚宫造成的误会，最终使两人走到水火不容的地步。另一对好姐妹三好和金铃原先也是感情深厚，可当姚金铃"上位"当上丽妃后，因为觉得刘三好始终偏向自己的对手贤妃，又担心皇帝喜欢三好而让自己失宠，两姐妹最终反目成仇。

职场有如后宫，职场友谊好比一把双刃剑，一旦友谊走错方向会让你付出比投入的情感更大的代价。就像例子中的小康、元淇和刘三好，一个因为盲目地信任王亮，不仅得罪了顶头上司，而且还要承受被欺骗被侮辱的折磨；一个因为提前得宠触犯了好姐妹的利益，被一起长大的好姐妹害死；而大好人刘三好则因为与皇帝关系亲近成了好姐妹的眼中钉。

"只有永远的利益，没有永远的朋友"。所以，对于办公室亦真亦假的友情，一定要谨慎对待。

交浅言深者不可深交；搬弄是非的饶舌者不可深交；唯恐天下不乱不宜深交；顺手牵羊爱占小便宜者不宜深交；被上司列入黑名单者不宜深交——是办公族们的交友原则。

除了交友谨慎外，对待办公室友谊，也需要把握好尺度：遵循工作第一，友谊第二的原则；注意说话的内容和传递的信息。我们无法掌控别人是否能百分之百正确理解或解读我们所说的话，以及讯息的流向，所以对于交情好的同事也不能完全表露自己；不落入小团体的陷阱，面对话不投机，甚至自己不喜欢的人，保持工作上的互动。

世事多变幻，人生如戏，人心叵测，做人要学会识人分明，要学会掌握尺度，清楚自己的处境，多点防人之心，多点应对之道。水至清则无鱼，人至察则无徒。与人保持适当距离，处理好职场友谊，拿捏好分寸，不仅仅是保护自己，也是保护这把双刃剑来平衡自己在职场中能很好的生存和发展。

甄嬛的守衡策略：

甄嬛初遇安陵容，安遭其他秀女的羞辱，甄嬛挺身而出，为安解围，并接安到自己府中同住，安感激不尽，入宫后帮助安陵容获得宠爱，多次出手救助安获罪的父亲；

甄嬛与安陵容出现嫌隙，安割己肉为甄作药引，重获甄嬛信任，在玄凌以甄嬛不敬为名将甄嬛迁居无梁殿，安陵容自请相陪；

事实是，安陵容投靠皇后陷害甄嬛，害得甄嬛家破人亡；

华妃与曹婕妤互为同盟，为陷害甄嬛，不惜利用木薯粉毒害曹婕妤女儿来达到目的；

安陵容与杨芳仪姐妹相称，互赠礼物，不料安陵容利用锦囊嫁祸杨芳仪，迫使杨芳仪吞金自尽；

皇后表面与甄嬛姐妹相称，联手一起扳倒华妃，岂料和善背后一手陷害甄嬛穿纯元衣服，一手又对甄衍下手，扳倒甄嬛一家，看似对待甄嬛温和端庄可人，实则是恶毒蛇蝎之心；

皇后与先皇后为亲姐妹，先皇后生前百般照顾妹妹，朱宜修能登上后位，也因为先皇后遗愿，岂料先皇后之死乃自己妹妹所为。

抓住机会,击退对手

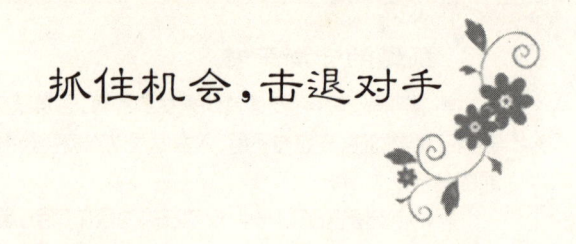

《金枝欲孽》中,皇后和如妃相互抓住机会打击对手的一场戏可谓精彩至极:一向心思缜密的如妃,万不料会栽在春心萌动的心腹宫女手中。正当如妃沐浴的关键时刻,宫女私会的护军出现,男女私通的消息迅速在后宫蔓延开来。机会就在眼前,如妃的死对头皇后怎会视而不见,她抓紧机会在皇上面前捕风捉影,同时秘密杀害如妃的心腹宫女栽赃嫁祸给如妃,丝毫不给如妃喘息的机会,让如妃陷入百口莫辩的境地。皇后掌握了如妃偷情的"充分"证据后,又深知皇上忌讳后宫关系暧昧的死穴,所以决定来个雪上加霜,抓住皇上对如妃起疑心、如妃已经失宠的机会彻底解决这个心头大患。于是皇后看准皇上与格格父女血脉情深的软肋,利用早已安插在如妃身边的卧底奶娘,把急欲翻身的如妃彻底逼进了冷宫。

如妃失宠后,她本想想尽办法重获恩宠,所以在秋末冬初为皇上送暖炉、抄佛经,甚至不惜为尚在襁褓中的亲女喂制加酒的牛乳,但却因此事被皇后反打一耙,被皇上彻底摒弃。即便如此,如妃也没有消极放弃过,她一直在等一个令她能够翻身的机会。后来小格格终于没有保住,为了与皇后继续斗下去,她最快地从沉重的打击中冷静下来,把握一切可以利用的因素,借助女儿之死令皇上体会到女儿死在自己怀中的切肤之痛,从而唤回皇上的怜爱,恩宠犹胜往昔,也终于获得对抗皇后的资本。

皇后和如妃的这场斗争可谓是旗鼓相当,她们深谙后宫生存之道,懂得费心筹谋不如适时把握机会,只有抓住机会才能击中对手软肋,起到事半功倍的效果。

现实生活中洁净明亮的办公室里,优雅美丽的白领们同样上演着类似的争斗,胜利者也往往是那些懂得把握机会经营自己的人。

自考本科毕业的阿眉应聘到一家外贸公司,她职位的意向是经理秘书。但是,公司安排给她的工作是杂工,具体的任务就是负责影印文件。工作难找,阿眉犹豫了片刻后,还是积极地投入到工作中去了。

当同事们有了需要影印的资料,便会抱过来让阿眉影印。有时资料比较多,同事们将资料撂下,然后一五一十地告诉阿眉,哪份材料需要影印多少份,哪份材料需要如何影印。阿眉记忆力好,不必记录就能准确而及时地完成工作,来取资料的同事对她印象都不错。可是不知道为什么,现任经理秘书却总是一副高高在上的样子,有时还故意找阿眉的茬。

后来无意听到了秘书与招聘专员在卫生间的一番对话才让阿眉明白了事情的原委:

"要不是你告诉我,我还真是想不到一个自考毕业的人也想跟我竞争经理秘书的职位呢,真是太自不量力了。"

"哎,事情过去就算了啦,你也别老是耿耿于怀,人家现在也没妨碍你,你就别老是刁难人家了。"

"哼,我看她也就只能做一下影印文件那样的木头活!"

阿眉听到这番对话的时候,难受之情可想而知。她在心里暗暗发誓,现任秘书越是瞧不起自己,自己就偏要坐上秘书的位置。

此后,阿眉给大家影印资料时,还是会甜甜地一笑,再遇到经理秘书刁难的时候也总是礼貌地回复,然后麻利地完成新分派的任务。

最近一次,经理拿一份合同给阿眉影印,十万火急的样子。细心的阿眉习惯性地快速浏览了一遍,当经理有些不耐烦地催促她时,她指着一处刚发现的错误给经理看。经理看完以后,惊出了一身冷汗,原来因为秘书的粗心,导致合同金额出错,而阿眉的更正为公司避免了五百万元的损失。

阿眉立了奇功,经理自然对她委以重任,于是辞掉了眼高手低的现任秘书。阿眉抓住机会,终于坐上了自己梦寐以求的那张办公桌,看着对手离开前不满的眼神,阿眉开心地笑了。原来,自从听到那番对话以后,阿眉再接到经现任秘书处理过的重要文件时,总会细心地看文件的内容,一方面是为了熟悉现任秘书的工作内容,一方面也是为了能找出问题,果然,这次把握住机遇如愿以偿地坐上了自己想要的位置。

职场的漫漫长路,从普通的白领到管理阶层,从初级管理人员到中级管理人员,再从中级攀升到高级,每一次升迁过程都意味着和竞争对手的PK,是否能成功击退竞争对手关键在于是否把握住了机会。

曾经有人说：机会像小偷，来时无声无息，走后我们却损失惨重；如果要免于损失，只有抓住机会。的确，机会并不是赐给每个人的，无论在职场生活还是在社会斗争中，机会只偏爱那些有准备的头脑，只垂青那些深谙如何追求她的人。想要攀上职场的上升之路，除了了解职场的各项规则，尽力完善自我、恪守勤奋努力的定律外，还要善于洞察击退对手的机会。很多时候，扳倒对手的机会就在我们身边，而有没有洞察机遇的能力则是决定事情成败的关键。机不可失，失不再来，在进退之间不能把握时机者，必将一事无成，遗憾终生。

做个有准备的人要在平时就做个有心人，这样才会懂得如何经营自己的命运，才会在关键时候比别人收获更多。正如《金枝欲孽》中的皇后，在把握如妃宫女私通护军的机会扳倒如妃后"意气风发"地对如妃说的话："要想赢得多，就要学会如何去输，本宫输了这么多年，今天总算漂漂亮亮地赢了你一次，也不算为过吧"？

甄嬛的守衡策略：

甄嬛回宫后拜见太后回来路上被人设计以鹅卵石混入六棱石中险些导致摔倒滑胎，甄嬛查清是琪贵嫔所为，便将计就计，筹谋让玄凌看到琪贵嫔责打下人晶清，背后中伤孕妃嫔，使得琪贵嫔被降位惩罚；

后又借钦天监之口说安陵容不祥，并趁机让下人放火烧安陵容所住宫殿景春殿，让皇上信以为安陵容真如天象所言不祥，与皇后冲撞，甄嬛以此制约对手皇后和安陵容，一箭双雕；

低位妃嫔穆贵人、严才人、仰顺仪，背后诋毁甄嬛怀孕之事，甄嬛让浣碧假冒安陵容贴身宫女宝鹃，使三人以为诋毁之言被安陵容听见后告知甄嬛，所以百般针对安陵容；

甄嬛以糙米珍珠汤惩戒祥嫔，平息后宫倾轧之风后，遭祥嫔背后怨言诋毁，甄嬛扬言警示，从此吓得祥嫔见她就躲；

甄嬛利用华妃被曹婕妤揭发罪行后被降位居于冷宫时，把握机会，与眉庄、敬妃以苦肉计烧宫陷害华妃，终让玄凌死心将华妃赐死；

甄嬛借安陵容身上带着麝香香囊去怀有身孕的徐燕宜（贞妃）那儿，设计扳倒安陵容，谁料安陵容抓住机会借刀杀人，将矛头指向杨芳仪，自己脱险。

不要一个人战斗！

"团结,我们无所不能;分裂,我们一事无成。"
"没有人是一座孤岛。"
"有没有合作意识有时决定了你能不能实现自己的伟大目标……"

《金枝欲孽》中的争斗是从众秀女阻挠相貌出众的秀女玉莹面见皇上开始的。玉莹是一个表面温柔大方,但笑里藏刀的女子。她虽然心机不浅,但终因势单力薄落入尔淳设计的圈套。虽然为了躲避如妃娘娘而在孙太医的协助下无奈装病,暂时躲过浪头,但后来若不是有深谙后宫规则的宫女安茜和孙太医和她一道结为同盟,恐怕玉莹始终不是尔淳的对手。

"一个篱笆三个桩,一个好汉三个帮"。在现代职场众多女性中,不乏具有优雅干练职业形象的丽人,抑或有出色工作技能的白领佳丽,不过这些职业丽人要想在职场中游刃有余,仅靠自己个人形象的好坏以及个人工作成绩的优劣,是完全不够的。在注重个人内外兼修的同时,职业丽人们还应该注意为人的口碑,注重团队合作,营造个人的追随者,确保自己在与对手的竞争中能够游刃有余。

狮子之所以能打败老虎成为百兽之王,就是因为狮子不像老虎那样独来独往,而是跟父母、兄弟姐妹群居,有大家的支持和协助。

职场中,没有谁不重视团队的力量,"1+1>2"的道理早已不是什么新鲜概念。一个人能否成功,很大程度源于周围的支持力量,不是仅靠自己一个人的力量完全实现的。个人的知识、经验和能力毕竟是有限的,只有博采众长,发挥团队力量,才能发挥最大效应。

在现代生活中,任何公司,都离不开各部门之间的团队合作,团结互助会让公司的各项事业蒸蒸日上,否则,就会成为一盘散沙,毫无斗志。对于个人来说,也是如此。每个人都离不开团队之间的协作,相互支持,只有团队合作才能强化每个人身上的能量,形成强大的竞争力。

一个团体就像一只螃蟹,团队的每一个成员就是螃蟹的每一条腿,没有了任何一条腿,螃蟹都难以到达目的地。螃蟹的每一条腿都是很重要的，缺了一条腿，螃蟹要么爬得慢，要么爬不到终点。要想自己所在的团队拥有强大的竞争力，就需要每一个团队成员发挥各自的能力，做好各自的本职工作，互相配合，才会发挥最大的效用，这就是团队合作的精神。

有这样一则故事：

小猴和小鹿在河边散步，看到河对岸有一棵结满果实的桃树。小猴说："我先看到桃树的，桃子应该归我。"说着就要过河。但小猴个矮，走到河中间，被水冲到下游的礁石上去了。小鹿说："是我先看到的，应该归我。"说着也过河去了。小鹿到了桃树下，不会爬树，怎么也够不着桃子，只得回来了。

这时身边的柳树对小鹿和小猴说："你们要改掉自私的坏毛病，团结起来才能吃到桃子。"

于是，小鹿帮助小猴过了河，来到桃树下。小猴爬上桃树，摘了许多桃子，自己一半，分给小鹿一半。

他俩吃得饱饱的，高高兴兴地回家了。

快到家的时候，他们俩看到两只小狗正在为两块拇指大小的肉争吵。

走过去一听，经过原来是这样的：两只小狗在玩耍时同时发现了地上的一块肉，他们几乎同时扑了过去，各自抓住肉的一头使劲地往自己那一边拉，谁也不肯松口。

正在争夺时，一只狐狸从这里经过，看到了这一大块鲜美的肉。于是就上来出主意。

"我的朋友们，看来你们是遇到什么难题了，有话好好说嘛。能不能告诉我，让我帮你们解决？"

两只狗马上就向他说明了原因。狐狸摆出一副公正的模样说："看来你们是同时看到这块肉的，那么你们都有权利得到这块肉。既然这样，就让我来主持公道，把这块肉分成大小相同的两块，你们一人一份！"两只狗认为狐狸的话有道理，就同意了。

狐狸开始分肉了。但是，他故意把肉分成大小不等的两块，然后说："这样不行，好像右边的大了一些。"于是，它从右边的肉上撕下一块放进了自己的嘴里。站在右边的狗一看说："不行，不行，现在右边的比左边的小多了。"狐狸点点头说："看来是这样的。"于是又从左边的肉上撕下一块放进了嘴里。就这样，狐狸一会儿撕左边的肉，一会儿撕右边的肉，撕来撕去只剩下拇指大小的两块肉了，这一下相等了。狐狸抹了抹嘴巴，心满意足地对他们说:"好了,你们的问题解决了,我的任务也完成了,再见。"

现在,两只小狗正为这剩下的两块肉埋怨对方呢。

故事中的小猴与小鹿组成一个相互协作的团队后,轻而易举地摘到了桃子,都吃得饱饱的。而两只愚蠢的小狗互不让步,殊不知,鹬蚌相争,渔翁得利。

《众人划桨开大船》里唱到:一支竹篙呀,难渡汪洋海;众人划桨哟,开动大帆船;一棵小树呀,弱不禁风雨;百里森林哟,并肩耐岁寒。孤帆一叶,难以穿越茫茫汪洋;众志成城,必能乘风破浪,团结就是力量,这是一条永不过时的真理。谁不重视团队的力量,谁就将在一意孤行中败下阵来,甚至身败名裂。

工作中有些人只是一味地揽功,却不顾别的同事,只在做自己的本职工作,而没有考虑去应和别的同事的工作,没有合作意识致使自己完全是孤立的,最后只会导致整个工作的进度非常慢,影响公司利益,同时也为自己的工作带来不便。

身在职场,最重要的不是你自己的工作能力有多强,而是你是否具有合作的精神。一个人做的蛋糕只有小块,大家合作起来做的蛋糕又更大。所以,职场中不需要独断专行的人才,每个人都有自己的强项,他们关心的是怎样通过最佳的合作充分发挥每个人的能量,达到资源的最好组合,带来更多效益的同时也有利于自身的发展。加强合作意识,懂得团队利益,配合作战,才会使事业达到巅峰。

甄嬛的守衡策略:

入宫时,联合安陵容、眉庄,依靠皇后力量对抗华妃;

华妃复位时,笼络曹婕妤,许诺在扳倒华妃后收温仪帝姬为义女加以照拂,保曹婕妤前程和依靠,使得曹婕妤打消顾忌全力协助与华妃抗衡;

在设计除丽贵嫔、压倒华妃紧急关头与皇后默契联手;

眉庄被禁足,甄嬛孤身一人难敌华妃之势,甄嬛设计引荐安陵容以歌获宠,册从六品美人;

甄嫂与甄配合演夫妻不和的戏,玄凌派玄清、甄哥里应外合,夺汝南王兵

权,革去王爵尊荣,贬为庶人,终身禁于府中。慕容氏一族夺爵位,斩华妃父兄,后认清皇后真面目,又联合敬妃、端妃对付皇后;

甄嬛向太后请安觉查胡蕴蓉与皇后嫌隙,发现胡从小患哮喘症并已知自己不能生育一事,联合胡蕴蓉(昌妃)对抗皇后;

皇后利用敬妃抚养甄嬛女儿胧月之事挑拨二人鹬蚌相争,想从中渔翁得利,甄嬛开诚布公与敬妃详谈,满足敬妃抚育胧月之愿,并对敬妃坦言相告其终身不孕乃皇后所为,使得敬妃对皇后恨之入骨,对甄嬛心悦诚服,后联手对付皇后;

皇后以昌妃(胡蕴蓉)衣绘神鸟类似凤凰诬陷昌妃僭越冒犯自己,同时问责甄嬛,甄嬛与昌妃互为援引,联手对抗皇后;

祺嫔诬陷甄嬛私通,与甄嬛交好的端妃、敬妃、庆嫔周佩、贞妃徐燕宜、叶澜依、吕昭容皆为甄嬛开脱;

甄嬛与周佩合谋让周父旧属告发安陵容之父,安父废职关押;

阴险毒辣的皇后能继位中宫、稳居凤位,也得益于她能与自己有利的人配合默契、游刃有余、默契联手;

叶澜依独自一人于宴中欲用金钱豹杀玄凌为玄清报仇失败,玄凌仅受轻伤,而叶澜依却被乱箭射死。

善于寻找职场同盟军

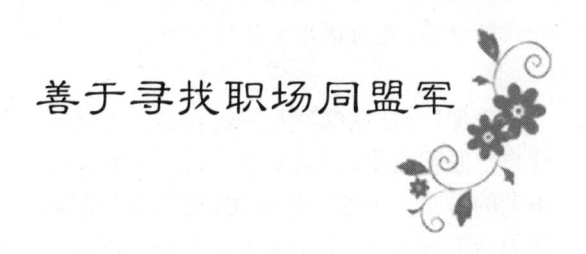

随着女性地位的不断提高,现代女性不再是人们口中的绣花枕头,想做出一番成绩的女性大有人在。于是,在工作场合为了展现自己的实力而出现的与竞争对手的明争暗斗便屡见不鲜。说到底,她们并没有什么深仇大恨,不过是因为证明实力,或者职场晋升而出现利益冲突。但是俗话说,有纷争就有成功,也有失败。不管是勇往直前,还是钩心斗角,每个人也都有自己的应对之法,但想要在纷争中确保胜利,就必须学会找到自己的支持力量。

颇有外企管理经验的Andy跳进某家私营企业后,很受爱才的老板的重视,一进公司,就坐在了副总的位置上。后来Andy才知道公司里觊觎这个位置的人很多,Andy的到来无疑使他们在暗地里形成了一个"同盟",而且,一切都心照不宣。

Andy的对手们明白,用私人生活、处世方法这样明晃晃的刀子攻击对手显然太愚蠢,机会终于来了:在Andy进入公司的第三个月,由于助手工作上的失误,导致公司在发货时间上出现了偏差,延误了外国客户的时间。周一的例会上,几个部门经理同时向老总抖出这件事,看起来对事不对人,但在就事论事中他们把事情的严重性无限扩大,并以"公司利益"为自己的论点,对Andy的失误穷追猛打。

面对这样的局面,大老板也显得爱莫能助,一周后,Andy被派到了外地分公司负责业务开拓,而"同盟"中的一个部门经理顺利被提拔为公司副总。

Andy明白自己的实力和地位已经成为公司权力纷争的焦点,但是却忽略了寻找自己的支持者,孤军奋战自然抵不过一个同盟集团的"追杀",最终被对手驱逐出局。所以想要在波涛暗涌的职场中突围,就需要学会寻找合作联盟,因为一旦找到这样的联盟，对方的利益就与自身的利益密切相关了，双方就会努力消除猜忌，共同把事情处理妥当。

就像《金枝欲孽》中，刚进宫的众秀女各个揣着不同的目的踩倒他人，让自己脱颖而出。而秀女中心机最深者莫过于尔淳，她的最大障碍是名为玉莹的秀女。玉莹天生丽质，遭到众多秀女的嫉妒。为了排挤玉莹，尔淳表面与玉莹结盟，以减少对方对自己的怀疑，但暗地里，她却与带着相同目的进宫的其他两姐妹联盟，设计各种圈套陷害玉莹，寻找各种机会不让玉莹接近皇帝，而最后玉莹也唯有与孙太医和安茜结成同盟才能对抗尔淳背后的势力。

同样，当尔淳、玉莹和安茜，面对宫中最得势的永寿宫的如妃娘娘，为了与如妃娘娘一争高低，三人也选择如妃的死敌皇后作为自己的支持力量和同盟，因为皇后是后宫中最有权势的人。三人找机会在皇后面前表忠心，当面打击如妃，表明自己倾向皇后的立场，很快取得皇后的信任，所以三人慢慢能与如妃抗衡，并在众多宫女中崭露头角。

寻找职场同盟对象可以是几个人，也可以是处于利害关系中的一个人。

跳进新公司，Luna仿佛跳进了一个斗争的"旋涡"：公司派系分明，暗流涌动。刚进公司的Luna打破了公司各派系间的均势，成了"各路人马"争相拉拢的对象。但是Luna不动声色暗中琢磨，没多久，她就决定站在看似被人排斥而势单力薄的业务部副经理小林一边，因为她私下了解到，小林虽然看上去是没有实权的部门副经理，但实质是公司董事长的同母异父的弟弟，而知道这个消息的人多是局外人。为了让自己在这种复杂的斗争中尽快站稳脚跟，Luna选择这个被众人冷落的人作为自己的同盟，于是从不抽烟的Luna总陪着小林抽烟聊天，当遇到其他派系奚落攻击小林时，Luna总以自己有限的能力为小林辩解解围，很快，两人成了知己。在公司里小林也处处帮着Luna说话，并在很多事情上为Luna"指点迷津"。一年多以后，小林"潜伏"期满，身份公开，成了业务部门经理兼公司董事，而刚进公司不到一年的Luna则顺利地接替了小林原来的位置。

在职场中，任何人都会经历到"帮派斗争"。职场中的这种斗争，或明或暗，或硝烟弥漫，或悄无声息，或惊心动魄，或平淡无奇。任何身在职场中的人，想要置身事外，都是不太可能的事情。面对这种争斗，不管是勇往直前，还是钩心斗角，不管是一泻千里，还是明哲保身，都会有自己的参与，也都要有自己的应对之法。

所以，当明白了自己不能置身事外，或是置身事外非但不能如己所愿，反而会使自己遭受更悲哀的处境之时，我们就要开始积极寻求保全自身的最好办法。当单凭我们个人的力量在职场竞争中吃力或无所适从时，不妨考虑搜寻自己的支持者，寻找同盟军，如大雁一样团结在一起，抱团前行。依靠支持的力量，往往会使自己遭受少一点的攻击。

职场绝对不是一个人的独舞，也绝不是唐吉诃德独战风车的游戏，只有和利益相关的人组成同盟，才能保障自己的长期发展，于己于同盟者都是双赢的举措。抱团同盟是一种生存技巧，更是一种生存智慧。

甄嬛的守衡策略：

华妃、曹婕妤利用妙音娘子陷害甄嬛，甄嬛利用鬼魅心理，让小连子假扮妙音娘子鬼魂吓丽贵嫔，并在皇后的配合下将疯癫的丽贵嫔带走审问，抖露出陷害之事，剪除华妃党羽；

曹琴默设计陷甄嬛演惊鸿舞，甄嬛在眉庄、陵容、玄清的帮助下反令甄嬛得以表现晋封婕妤；

华妃惩罚甄嬛跪于烈日下时，敬妃多次劝求，在甄嬛失子后，敬妃亦推波助澜帮助甄嬛惩戒华妃；

在华妃以为甄嬛私自探望被禁足的眉庄而大动干戈准备借机治罪时，敬妃与甄嬛合演一戏，让甄嬛将计就计躲过一劫，反而使华妃失去恢复协理六宫的权利；

甄嬛被诬陷与人通奸时，多得叶澜依相助，让花宜请得莫言证实静白诬陷甄嬛；

初入宫的安陵容懂得拣高枝，在华妃惩罚了梁才人时以"华妃严惩梁才人，似乎有意拉拢我们。"把自己攀附于甄嬛、眉庄身上，也懂得结成同谋；

皇后亦懂得把安陵容善于歌唱的长处，安排安陵容在皇帝下朝的必经路上唱金缕衣，助安陵容得宠，巩固自己势力；

甄嬛、吕、胡默契配合让太后知晓鹅梨帐中香之秘，认为安流产是因争宠用了凝露香之故，甄嬛假意安求情揭出舒痕胶一事，众人推波助澜揭出安陷害杨芳仪、眉庄，对玄凌无情为父邀宠等数罪，玄凌搜宫后更揭出五石散是安给傅如吟，皇后震怒下将安掌嘴，太后不允将安赐死，禁足景春殿不许人侍候，日日派人掌嘴，宫中人亲者权杀，余者卖出京为奴，安父斩立决。

偷别人的菜，升自己的级
（向职场对手学习）

《艺伎回忆录》中，巩俐扮演的初桃，是当红艺伎，多少人愿意千金买她一笑，石榴裙下风流无数。她的大牌地位，原本可以维持得更长久一些，但因为章子怡扮演的小百合的出现，又因为杨紫琼扮演的真美羽——这个资深艺伎对于小百合的偏爱以及处心积虑地培养，使初桃惴惴不安——红颜尚在，地位已经岌岌可危。生存的压力迫使两个女人之间时常针锋相对，水火不容。

初桃和小百合，这两个女人的智慧其实难分伯仲：初桃不是不精明，不是不刻苦，不是不狡黠，她只是不大度，不愿意胸襟开阔地去面对自己的对手，小处的拘谨失了大家的风范。她成了小百合的前车之鉴，小百合从她身上，学习到一个艺伎应该有的风情和老辣，又摒弃了故步自封。这招叫敌为我用，适用于任何一个年代，永不过时。

其实，每一个人都有自己的长处，偷偷留心，把对手的长处学下来，博采众家所长，成为自己的优点，比你花钱去学个 EMBA 的效果更为上乘。面对对手，首先要学习做个"偷心"的人。把自己的竞争对手变成助己晋升的阶梯，登上人生高峰。向竞争对手学习，化敌为友，建立完美团队，让企业充满和谐的文化，将是你最明智的选择和做法。能够向竞争对手学习的人，必然是职场上的精英，更是老板们梦寐以求的人！懂得学习的人，才能够登上职场这辆快速列车；懂得向竞争对手学习的人，最终才能够赢得胜利！学习乃晋升的基石；聪明的员工拜一切人为师；向竞争对手学习需要良好的心态；向竞争对手学习的方法和策略；向竞争对手学习好的观念；学习优秀竞争对手的制胜法宝；竞争对手进步就等于自己进步。

哲学家爱默生说："一个聪明的人能拜一切人做老师。"任何人身上都有值得我们学习的地方，这个人可以是我们的上司，可以是我们的同事，可以是我们的亲朋好友,也可以是我们的竞争对手。学习是人们实现成长的主要途径之一,而向别人学习又是学习的一个重要方面,如果不向周围的人学习,那人们自身的成长就会像缺少某种维他命一样缺少营养。众所周知,一个缺少营养的人总是不如健康人那样有足够的能量抵挡外界的压力。

人们在工作中或许会想到向自己的上司和同事学习,但是很少有人会把学习的对象定为竞争对手。其实对于一个公司来说,同行业中的竞争对手往往更应该成为自己学习的对象,而且往往越是超过我们,越是和我们竞争激烈的对手,就越值得我们学习。

同行业的竞争对手因为与我们有共同的客户群,共同的管理方式以及共同的成长经历,他们和我们面对的问题也更相似,所以彼此之间就有更多可以互相借鉴的事情。如果能够放下架子向竞争对手学习,那么一个公司就会少走许多弯路,它的成长过程就会更加顺利。

同样,人与人之间的竞争也十分激烈,如果你很出色,那么你的竞争对手也必定十分出色,对方身上的一些长处也许正是你所缺少的,如果你能够以谦虚的姿态和聪明的智慧多向竞争对手学习,那么你的成长道路就会更加通畅。如果你现在还并不那么出色,那你更应当向比你出色的竞争对手学习,学得越多,你以后在竞争中取得成功的可能性就越大。

有的人故意贬低自己的竞争对手,或者希望自己的竞争对手不要过于强大。实际上,在商场上和对手竞争,就如同打高尔夫球,和不如自己的人打球会很轻松,你也很容易获胜,但永远长不了球技,而且这样的球玩多了,球技只会越来越差,所以,一般打高尔夫球的人宁可少玩球,也尽量不和比自己水平差很多的人较量。

甄嬛的守衡策略:

皇后为了夺得皇子,增加自己作为皇太后的砝码,便设计使得恝妃背上残害龙子之名,恝妃为保全皇长子前程,自杀谢罪,皇后夺子成功,甄嬛后来指使温实初下毒曹婕妤,夺帝姬送端她亦是向皇后学习;

滴血认亲事件中,甄嬛命人将斐雯、静白乱棍打死,并取安陵容之计拔二人舌头,使得安陵容落下残忍狠毒之名;

甄嬛盛宠时,对比自己与华妃:华妃是一味的狠辣凌厉,铁腕之下人人避退,这并非好事。但是用于对付后宫异心之人,也颇有用处。华妃能够协理后宫这么多年,也并不是一无是处的。我不能因为憎恨她而忽视她身上的长处。如今我复起,有些地方不能不狠辣,而华妃的处事之风,我也该取其精华而自用。

阴毒的安陵容也善于向甄嬛学习,在失宠后,借"惊鸿舞"和歌技成功复宠。

第六章 忍尤含垢，进退有时

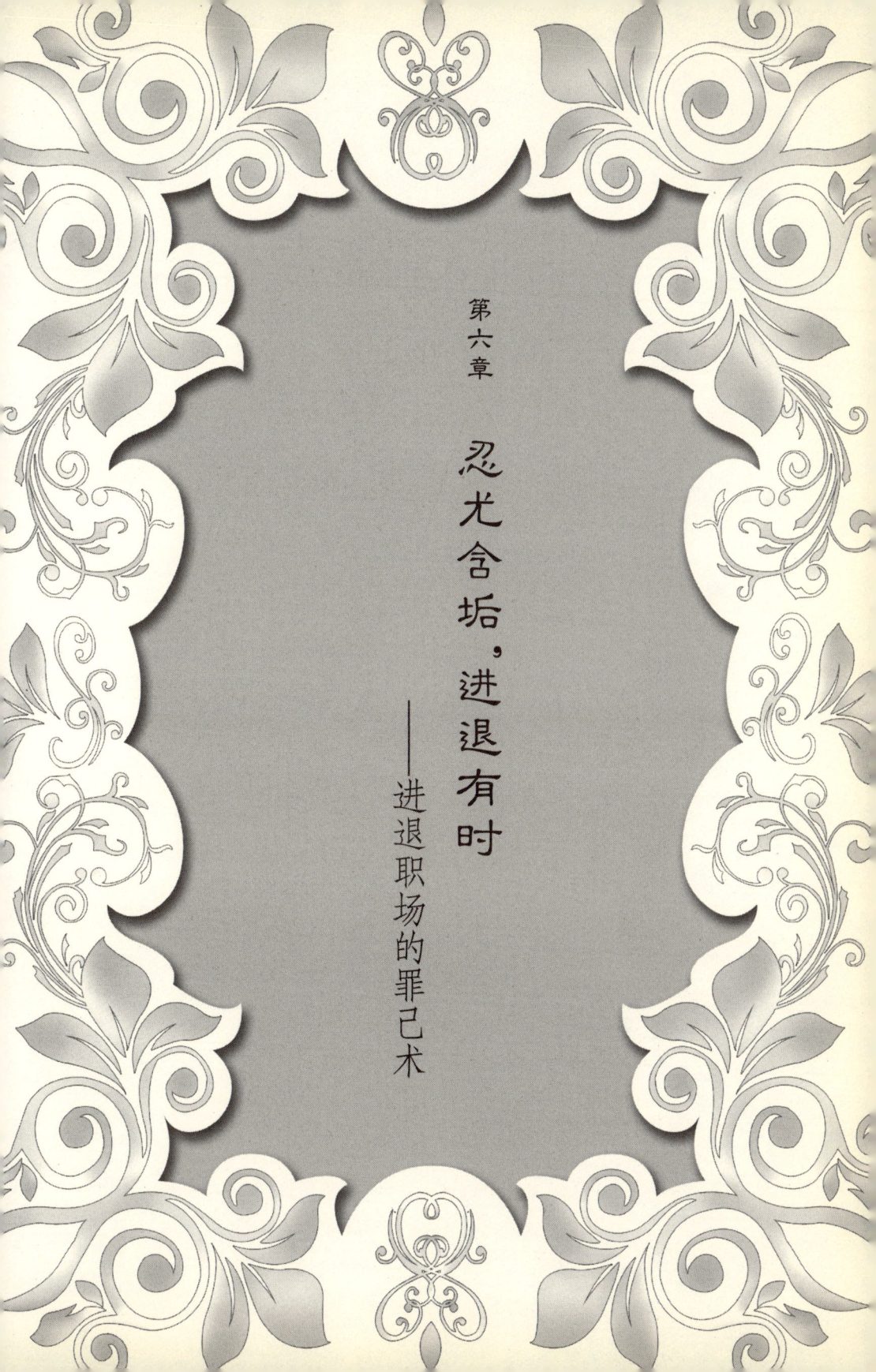

——进退职场的罪己术

职场失宠：
顶得住，撑得住，看得开

没有人可以保证一辈子做职场红人，也没有人可以确信永远处在事业高潮。潮起潮落，符合自然规律，得宠失宠人性所向。工作中，我们越是想得到上司的赏识，越是努力地工作，尽量表现自己的能力，希望自己离失宠更远一些，可是总会有一些让你无法预料的因素让你遭遇职场失宠的压力。

例如当上司不再分配给你重要的工作，不再赞扬你的业绩，不再给你加薪提职，为一点小事对你大动肝火，突然增加或者莫名减少你的工作量，做重大决策有你没你无所谓，你渐渐感觉自己成为了办公室里的透明人，这些变化都预示着你已经成为职场失宠一族，正式被打入了职场的冷宫！

人一旦失宠，最开始的时候肯定非常难过，毕竟曾经全力付出过，也曾经是企业的骨干和风云人物，一旦失宠，失落伤心在所难免。有的人被冷落以后一蹶不振，在办公室战战兢兢唯唯诺诺地混日子；或者心灰意冷，去酒吧买醉，对着好友把老板痛骂一顿；有的承受不了压力，急匆匆地另觅高枝；或者心思全无听天由命，每天灰头土脸、消极怠工地去上班。

所有这些行为都是于事无补的消极抵抗，根本无法改变职场被冷落的被动局面。俗话说，塞翁失马，焉知非福。职场女性决不能被失宠的打击打垮，当面临失宠危机的时候，只有在哪儿跌倒就在哪儿爬起来，并吸取经验教训，让自己快快振作起来。

《金枝欲孽》里嚣张跋扈的如妃失宠后，在看清了身边这些妃嫔、宫女们的嘴脸后，她却没有灰心，就如她自己所说的"俯首称臣，甘心认输从来就不是用来形容我钮祜禄·如玥的！"面对死对头皇后她依然不卑不亢，举手投足间无与伦比的气质风度没有失败者的颓势，仍然时刻表现着成功者的姿态；对他人的冷嘲热讽也置若罔闻，在永寿宫里韬光养晦等待时机重新爬起来；在痛失爱女后，如妃也没有气馁绝望，反而利用丧女之痛，博得了皇上的怜惜，终于得以鲤鱼翻身！就像她说的："如玥根本不稀罕做孔雀，因为天地间能够浴火重生的就只有凤凰！"

当你面对失宠的压力,最理智的办法莫过于调整自己的心态,以积极的心态面对,然后再通过学习一些职场的策略来完善自我,像安茜安慰被人诬陷欺负的素樱一样:要顶得住,撑得住,看得开,做一只能浴火重生的凤凰!

顶得住:不管是何种原因失宠,都应该反思自己,而不是把失落的情绪和抱怨的言语带到办公室,更不要摆出办公室斗争受害者的姿态。很多人失宠后,并没有理智地反省自己,而是坚定地认为是不公平的老板和龌龊的同僚,用卑劣的手段"整"自己的结果,所以表现得像个受害者。相反,即使是失败者,在办公室你也应该保持积极的姿态,每天你可以像往常一样微笑着去上班,主动与上司沟通,询问问题的所在,即使你的上司打心眼里对你抱有成见,他也会被你的坚毅和意志打动,同时不忘从内心给自己打气。对待每一项分配给你的工作,并把每一个交到你手中的任务当做一次翻身的机会来认真对待,不要被委屈和怨恨消磨了前进的动力。

面对无法发泄的压力,你可以选择下班后约上几个好友倾诉一番。把自己的感受倾诉出来,让好朋友从另一个角度帮你分析,也许你会发现上司并不像你认为的那样不公正。这样能帮助你很好地调节自己的心态,清楚地认识到自己的责任和问题,今后引以为戒。

撑得住:职场"失宠"是痛苦的,可同时,它也是一个自我成长的过程。很多成功的人都有过被打入冷宫的经历,但他们都能从这些阴影中走出来,并且使自己吃一堑长一智。所以面对职场失宠,最关键的是要撑得住。你可以把失宠的阶段当作自己的反省期,但是不要过于自责,也不要长时间缩在家里。"你在家盯着天花板发呆的时间越长,就会越来越自卑,在工作中崛起的机会也就越来越少,你需要做一些让自己重拾自信的事。"让自己快快振作起来,不能让上司彻底丧失对你的信心。

看得开:要调整好心态,不能意志消沉,而应该以平常心积极面对。越是失宠,越要使用积极的表达方式,不说"我不能"而说"我选择",不说"如果"而说"我打算",不说"我被迫"而说"我情愿"……虽然只是些简单的语言,但如果用不同的表达方式,则会代表你的心态与思维方式。许多人的晋升,并不完全由于能力,更多是源于成熟的心态与心胸。如果上司对你的态度实在过分,毫无道理地敌视你,你也不必委曲求全。可以在深思熟虑、考虑周全后选择成熟的时机跳槽,只要你是一个积极肯干的员工,任何上司都会对你青睐起来。

职场人士谁都不想走入失宠的阴影,成为办公室里的透明人。但是在漫长的职业生涯中,职场失宠是必然的遭遇,工作的偶尔失误、新锐的加入、工作能力的下降等等,这些让我们随时面临失宠的压力,也是我们无法回避的问题。面对漫长的职业生涯，我们唯有随时警醒失宠的信号，以对形势的变化作出及时的反应，调整自己的言行，至少对可能发生的情况有一个心理准备，并做好下一步行动的准备。

甄嬛的罪己策略：

眉庄带甄嬛去冷宫看丽贵嫔及芳嫔，让她明白要是颓靡不振，只能永远挫败下去；

甄嬛误穿昔日纯元皇后的衣服获罪，再次被降为正三品贵嫔，禁足时，只享贵人的待遇，怀孕后虽恢复贵嫔待遇，但受尽苦楚，为了孩子百般忍耐；

后甄家获罪没落，生下女儿胧月后未及出月就被迫入甘露寺修行，被甘露寺尼姑欺负诬陷，罚干各种粗活，也隐忍坚持；

父母流放远地、兄长被逼疯、嫂嫂和侄儿被害死……经历无数挫折，但最终被以半副后仪迎入宫中，妹妹皆嫁入王府，兄长娶郡主，父母被接回京，甄府再次如日中天，自己亦一步步走向后宫巅峰；

最知晓自保方法的端妃，对华妃强灌红花、幕后黑手皇后恨之入骨，但是为了自保，懂得忍耐，懂得避世，懂得适时而动，懂得适时施与援手，最终扳倒对手，身居高位；

敬妃在知道自己不孕真相后，痛苦不已，恨皇帝的无情，恨皇后与华妃的狠毒，但隐忍不露，最终联合甄嬛报仇。

职场危机：像陈冠希一样表演

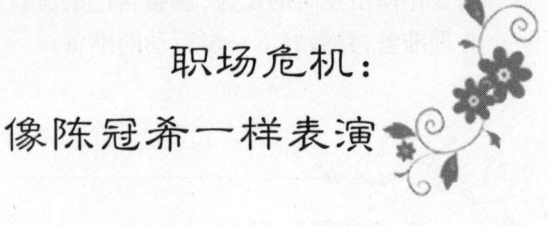

2008年轰动一时的艳照门事件，主角陈冠希迫于舆论压力出来道歉。短短五分钟的道歉时间不算长，可就是这五分钟时间，让网络上近64%的网友接受了他的道歉，从一开始对他的唾骂转变为同情。陈冠希凭借这次道歉成功地扭转了他的个人危机。然而，同样是"艳照门"事件的受害者，还是第一个出来道歉的阿娇却被网友一边倒地骂"虚伪、没廉耻"。行动向来快、准、狠的张柏芝也因为在访谈节目中声泪俱下表达这一年来自己对自己的惩罚，并态度明确地指责陈冠希，也成功地实现了危机的突围。面对同样的危机，同样是道歉和忏悔，但是三人的结果却大相径庭。

闯荡娱乐圈，遇到"风浪"，危机处理公关得当，能大事化小，地位和事业皆可不受影响；但若处理不当，可能公关越强势，就越"引火烧身"。

身在职场中也一样，谁都不会一帆风顺，稍不留意，摔个"跟头"也是常有的事。只是，聪明的人知道其中的技巧，"跟头"过后依然可以直立不倒，有的人却因此一蹶不振，看不到前途。因此，有关个人职场的"危机处理"已经变成办公室白领们必修的重要课题。

一般情况下，白领面临的危机形式主要有工作出现重大失误，有不善于处理人际关系招到同事集体排斥的危机，有与企业文化格格不入而不能融入企业的危机，还有在企业工作较长时间后遭遇职业发展瓶颈或企业经营不善面临被裁员的危机。

张倩是一家杂志社的广告编辑，有次，一家经营药品的广告客户因为先前所制造的药剂对人体有害，所以药厂决定停售，并研发新药替代。但由于张倩在负责新药品广告时，不小心把两种药品的名称给弄错了，竟然用了旧药品的名字。

这个错误的直接后果是杂志社失去了广告客户，虽然领导没有马上开除张倩,但是张倩总觉得自己离这天越来越近,领导看见她时脸上总是没有笑容,甚至每次领导叫张倩去办公室都让她心惊胆战,时刻担心解雇的话从领导的嘴里蹦出来。张倩被这种担忧折磨得坐立不安,甚至在想,自己是不是该主动引咎辞职,另外换一份工作。

毫无疑问,张倩工作上的这种重大失误已经招致了上司对她的信任危机,虽然领导没有马上开除她,但是她的职业发展已经或多或少地受到了负面的影响。这些危机如果得不到有效化解,她在杂志社的职业生涯可能真的面临她所担忧的结果,但是张倩如果能保持镇定,不轻易否定自己,采取积极的处理方法化危为机,其职业领域则可能走向更加广阔的天地。

那么当你面临职场危机的时候,究竟该采取何种应对形式呢?

危机,危机,危险中也暗藏着一定的机会!首先,不管面对何种形式危机的发生,千万不要拖延和逃避,更不要抱着得过且过的心理,推延自己的危机公关行为。而是要及时思索事情发生的原因,有哪些原因是可以通过自身努力创造条件去化解的,有哪些原因更多依存于外部环境或形势的改变,这样,才可以找到重点并有针对性地采取措施。

其次,面对工作上的失误造成的危机要坦白承认错误,抱着真诚的态度去解决,而不是投机取巧。应该通过自身努力,创设条件,充分沟通,化解危机,尽快重新建立自己的事业,争取职业发展的机会,而不是一直陷入先前犯错的情境当中。

当你面对的是自身遭遇职业发展瓶颈,特别是面对企业经营不善被裁员的危机时,应该主动找机会和老板坐下来谈一谈。一般说来,在裁员风潮中,老板首先考虑保留的是他们认为有价值的职员。因此,那些时常出现在老板视野中,懂得展现能力、发挥优势的"活跃分子",也就很容易成为裁员风潮中的"幸存者"。作为"绿叶"的你在面对职场危机的时候,应当学会表现那些被老板所赏识的才能,并且让包括老板在内的所有同事知道你有这些才能。

如果是因为不善于处理人际关系招到同事排斥的危机,那么最重要的是加强沟通,良好的人际交往与事业的成功相辅相成。只懂埋头苦干,不懂与人沟通,不仅会错失许多机会,而且还会被他人误解。

最后,在没有陷入职场危机前,要有时刻洞察危机的嗅觉。很多人由于个性的原因,对自身职业发展的危机不敏感,或忽视危机的苗头,认为没什么关系,任由危机发展到难以化解的地步。比如,工作马马虎虎,提交给上级的文件经常有些小错误,虽然上司没有大发雷霆,但是从上司皱起的眉头里，你就该开始思考，不要认为这是小问题，而是要想方设法改变这些毛病，这样才不会犯大的错误，也能离职场危机更远一些。

> **甄嬛的罪己策略：**
>
> 在芟子失宠后，因为态度悲伤对玄凌冷落，被玄凌斥为任性、性子刚烈，后来意识到只有得到皇帝玄凌的宠爱才能不被人欺负，只有皇帝的宠爱才是她在宫中生存的根本，才能为子报仇，所以在蝶幸复宠后，为了挽回玄凌的宠爱，昧心地承认是自己的过错，此举果然得到玄凌的爱怜；
>
> 太后疑心甄嬛干政有私心的时候，甄嬛没有辩解，而是马上承认自己确有为了保全皇帝玄凌的私心，得到太后的信任和欣赏；
>
> 以误穿先皇后故衣，犯下玄凌心头大忌，因倔强伤心，被玄凌下旨礼佛，更好胜离宫，与女儿胧月相隔两地，最后设计重遇玄凌，承认自己当年错误，才得以顺利回宫。

像张柏芝一样突围

犯错之后想极力掩饰是人的本能，每个人都会有这种心态，但作为办公室一族，你不能用"没人通知我"或"我不清楚"作为借口宽容自己。勇于承担错误，是职场成功的前提之一，即使你犯的错误微不足道，如果你想逃避的话，它也会成为你工作中无法逾越的鸿沟，让你不能从错误中吸取教训，从而阻碍你的事业发展。

王昕出门办事，上司催她快点回来，说部门要开个会。可王昕上了出租车后，路上堵得出租车根本就跑不起来。上司让她三点之前回到办公室。结果四点半王昕才慌慌张张地跑回来。一进办公室，上司就生气地冲她大发雷霆，质问她为什么这么晚才回来，影响大家开会。王昕本来在出租车里已经憋了一肚子火，现在上司不仅不体谅自己，反而朝自己发火，于是她委屈地跟上司申辩并顶撞起来。听到吵架声，大老板过来了，于是，刚进公司才几个月，王昕就被大老板当众炒了鱿鱼！

王昕的上司该不该体谅王昕呢？也许上司应该体谅一下王昕，但是，如果王昕一进门就说句"对不起"，主动向上司道歉，那结果可能就是另外一种情形了。

一声"对不起"，它并不代表你真的犯了什么大不了的错误，或者做了什么伤天害理的坏事，"对不起"只是一种软化剂，一种缓和双方情绪的态度，使对立双方都有后退的余地，为下一步的交流沟通创造条件。

其实职场之中，谁能保证自己不犯错误呢，问题是做了错事，要有主动"罪己"的态度，主动道歉，令上司听了心里舒服，自己又得到了谅解，何乐而不为呢？不管是不是有意，出了错，马上道歉，这是一种对所做错事的消毒，可以消除对方的不愉快和尴尬。可以化解对方心头的不满，让两人的心情豁然开朗，心平气和地解决问题。

有一次，张先生来到日本度假。他路过了一家日本最著名的豆腐店，顺便买了他们的招牌产品。但是当张先生品尝这个豆腐时，发现豆腐味道发酸，坏掉了。

当他又一次路过这家店时，对女服务员说了一下，我上次买你们的豆腐是坏的。

服务员首先是很惊讶："坏了？您有没有带过来？"张先生说，没有，一盒豆腐也不值多少钱，我今天经过只是想告诉你们这件事。服务员立刻说："我不是这个意思，这是因为我们的错让您受到了损失，我们一定要对您有个交代，您稍微等我一下……"说着，服务员一溜小跑上了楼。一会儿和她一块儿下来一个经理模样的人，他一个劲儿地向张先生鞠躬致歉："先生，对不起，这都是我们的错。这里有四盒新鲜的豆腐，您一定要带回去尝一尝，这一定是最好的品质。"说着，他把一袋包装精美的豆腐送到了张先生手里。经理接着说："我刚才已经通知工厂这件事了，他们将在这两天内解决。如果您周一还有时间，再路过这里的话，我们一定给您一个答复，告诉您我们对这件事的处理办法和事故原因。"

张先生没有再来这家店问这件事情的结果，但他想：只要还有再来日本的机会，一定会再来这家小店，品尝这里的豆腐。

面对问题，这家豆腐店没有敷衍塞责，而是积极主动地解决问题，所以他们的服务态度只会让客人越来越多，生意越来越好。生活中，有些人往往明知道是自己的不对，可是碍于所谓的辈分、身份或者面子一类的问题，不肯主动认错，觉得认错是没面子的事情，所以冲突也就无法解决。其实一个人能主动承认错误，就是一种勇气，也是一种智慧。

很多人犯错误的时候往往会找各式各样的借口，试图逃避自己应承担的责任，试图安慰自己内心的愧疚。如果你如愿地做到了，那么你很可能会第二次犯同样的错误并能够再次找到"更好的"借口。老板能够信任并提拔这样的员工吗？当然不！我们应在一开始的时候就将寻求借口的路堵死，勇敢地面对错误，承担责任。这样才会吸取教训，从失败中学习和成长。即便你老板不是一个优秀的管理者，他也会明白：一个敢于承认错误、勇于承担责任的人是值得信赖和重用的。

人们往往对于承认错误和担负责任怀有恐惧感。因为承认错误、担负责任往往会与接受惩罚相联系。人们通常愿意对那些运行良好的事情负责，却不情愿对那些出了偏差的事情负责任，总是寻找各式各样的理由和借口来为自己开脱。比如：工作业绩不理想，那么一定是老板领导无方、相关部门不配合或经济形势不好；汽车半路抛锚，那一定是汽车厂家不对，产品质量不过关；老板不喜欢你，一定是他不懂得欣赏你……

找到借口的最大好处是使自己能够在心理上得到暂时的平静与安慰。短期内为你提供了避难所，一些堂而皇之的理由也许能换取老板一时的同情与理解，但长此以往，借口会使你不再愿意去努力，不愿意去寻求解决问题的办法。如果一个人不懂得承认错误，就不会从错误、失败中学习和完善自己，他就不会有提高，也很可能再犯同样的错误。这样的员工怎么能指望老板欣赏和重用呢？

"态度决定一切"。所以凡事总找借口将会使人一事无成。一旦出现问题，不是积极地、主动地寻找问题的原因，而是将精力都浪费在了毫无意义的寻找借口上，以致业务荒废，绩效低下。

在职场中，抛却自己坚守的规则或习惯，顺应别人因无知所带来的尴尬，把过错揽到自己身上，让自己承担一些无形的责任，从而为别人保住面子，让别人在感激你的同时，能够乐意去服从你的安排或承担损失，这都是作为一个职场成功人士的精明之处。

甄嬛的罪己策略：

甄嬛得知自己的宠爱无非是因为有三分貌似已故的纯元皇后，伤心欲绝，但在父兄被冠以重罪，贬谪他地，亲人被逼死逼疯后为报仇，用心算计玄凌，在玄凌面前伪装自己；

甄嬛小象掉出后，在玄凌与众人疑心自己与玄清时，冷静对待，浣碧亦借尸还魂，说乃是自己小象，成功解围；

华妃指使余更衣谋害甄嬛一事，在皇后配合下华妃被褫夺协理六宫之权，赐居慎德堂，华妃也借《楼东赋》复宠，让玄凌以为自己真心悔过，玄凌才有复华妃六宫之权之意；

飞扬跋扈的华妃在害甄嬛流产后，跪拜玄凌面前，负荆请罪；

太后不喜皇后，多次以皇长子和后宫之事责怪皇后，皇后亦认罪悔过；

皇后为扳倒胡蕴容（昌妃），借其衣服类似凤凰的图案治罪，在被胡蕴容利用处于弱势时，为平息皇上怒气，以退为进，重罚自己。

顺着曲折往上爬

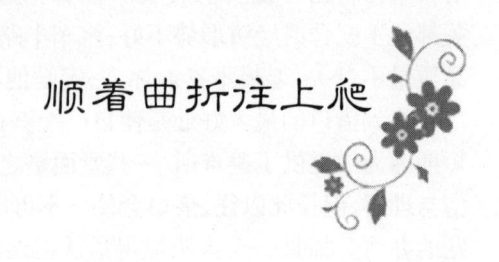

中国象棋上有许多"以退为进"的招式，其实，做人也是一样的道理。在职业生涯中，每个人都渴望事业成功，希望早日进入成功人士的行列中，从不允许自己失败，也不愿意接受挫折，更不允许自己向他人低头。但是有一首歌唱得好：人间事常难遂人愿，且看明月又有几回圆？如果一味追求成功，一味闷在一条死胡同里，必然会导致无谓的失败甚至是牺牲。

我们赞赏积极进取的心态，但在有的时候，退一步，会发现海阔天空，棘手问题也许能迎刃而解。"忍人之所不能忍，方能为人所不能为。"拿得起，放得下，能屈才能伸。聪明的人总是有远见卓识的，他们不会一味地走进一条死胡同，相反，他们能审时度势，善于在广阔的人生海洋中发现机会。

汉代公孙弘出身贫寒，后来当了丞相，但生活依然十分简朴，吃饭只一个荤菜，睡觉只盖棉被。因为这样，被汲黯参了一本，批评他位列三公，俸禄可观，实质是使诈以沽名钓誉，目的是骗取俭朴清廉的美名。

汉武帝责问："这些是真的吗？"公孙弘回答："所言不假。满朝文武，他与我交情最好，也最了解我。今天他当众指责我，切中要害。我权位很高，但故做姿态，实在不该。汲黯真是忠心耿耿，若非陛下怎么会听到这些批评呢？"汉武帝听了公孙弘这番话，反倒觉得他为人谦和，更加尊重他了。

公孙弘面对汲黯的批评和汉武帝的责问，一句也不辩解，并且全部承认，是一种大智慧。因为无论他怎么否认和辩解，旁观者都已经产生了先入为主的认识，辩解只能使别人认为他在继续表演。退一步主动承认过失，并做出深刻检讨，是在表明"至少现在没有虚伪"，减轻了罪名的分量；另一方面使人感觉公孙弘本质上是比较朴实的。可以说，公孙弘深谙"退一步"和"适度低头"的哲学。

富兰克林曾经说过：如果你一味辩论、争抢、反对，你或许有时获胜，但胜利是空洞的，因为你不能得到对方的好感。

身在职场，挫折和失败在所难免，当自己无法扭转处境时，不妨后退一步，尽管"退"从表面上看，意味着胆怯、失败，但事实并非如此。我们知道，在森林中，老虎是让动物们见了无不撒腿就跑的王者。可是，很多人却不知道老虎捕食的一个细节，就是虎王每次捕食时总会习惯地向后退几步，再瞄准目标狂奔而上，迅猛地逮住猎物。所以退让并不是从此以后就不再前进，相反，退让是为了在积蓄了足够的力量以后更好地前进。体育运动中的跳远也是一样的道理，为了跳出更好的成绩，运动员先后退几步是必然的。

有一句话曾让众多职场人士感受颇多：抬头需要实力，低头需要勇气。确实，到了矮檐之下，低头是一种勇气，更是一种智慧。据说加拿大魁北克的一条南北走向的峡谷上一幕奇特的现象曾经让很多科学家百思不得其解，它的西坡长满了松、柏、女贞等各类树木，而东坡却只有雪松。为什么会出现这种景象呢？原因很简单，因为东坡的雪总是比西坡的雪大，当雪积到一定程度的时候，雪松那富有弹性的树枝就会向下弯曲，这样雪就会从松枝上滑落，雪松完好无损，其他的树因为没有这个本领，所以便无法在东坡生长。

所以，当我们遭遇无法逆转的挫折和失败时，如果我们还跟那些松、柏、女贞一样与风雪硬打硬拼，无疑是以卵击石，后果只能是损失惨重。凶猛的老虎尚知道在进攻时后退几步，以便产生更大的势能，专业运动员也知道借助后退的力量前进，当前进的道路受阻我们又无力改变的时候，我们不妨后退一步，以求打破僵局，为自己积蓄力量，寻找到海阔天空的境界。

面对人际关系上的矛盾，道理同样如此。相信很多办公室一族都曾经遇到过相同的一幕：将某一份文件递交给上司后，上司弄丢了文件，却会一本正经地指责下属没有呈交文件。许多不懂低头的人感觉委屈不平，会与领导争辩，强调自己某日某时已经将文件交给了领导，可能问题一时得到了澄清，但却永远输了领导的好感。懂得适时低头的人即使委屈也会心平气和地承担自己的责任，然后打开电脑重新打印一份，将文件递送到领导面前。其实在这个事情当中，领导未尝不知道是自己的责任，所以争还是退，也许决定着领导给予你发展空间的窄还是宽。

矛盾产生了，懂得低头，不单可以缓和矛盾，也能化解矛盾，而争只是在极端的情况下才能解决矛盾，而在多数情况下只能激化矛盾，所以在很多事情上，头低一些，退让一步，不但自己过得去，别人也过得去，产生矛盾的基础不复存在了，矛盾自然就迎刃而解了。

成大事的精明人，在处事的过程中都会适时进退。一代伟人毛泽东，深得"退一步海阔天空"之精髓。在红军一渡赤水的土城之战，红军战场失利。危机关头由于他审时度势，果断提出放弃从泸州到宜宾之间北渡长江的计划，重新部署实施了"再渡赤水，攻打娄山关，重夺遵义城"的迂回战术；终于暂时摆脱了困难，使党和红军看到了胜利的曙光……

职场上，有时候忍一时之痛可获终身幸福，有时退一步可促大势发展。什么东西都是有双面性的，有了"退"才会有"进"，有了"舍"就会有"收"，有了"让"就会有"得"。

> **甄嬛的罪己策略：**
>
> 甄嬛深知太后的为人与手段，也知道太后表面上夸耀自己贤惠，但在言语、行为上对她是猜疑的，所以以退为进不要贵妃名分，姿态谦卑、安分守己，才最终让太后放松警惕；
>
> 帝后出宫祈雨，华妃掌管六宫，以迟到为名罚甄嬛跪于苍秀宫外育女诫，害甄嬛流产，甄嬛明知在不能马上扳倒华妃的情况下，强忍恨意，慢慢设计让玄凌恨透华妃身后势力，使华妃爬得越高，跌得越惨；
>
> 在宫外与玄清两情相悦，后被温实初告之玄清翻船已死，甄嬛伤心欲死，最终为腹中孩子设计复宠；
>
> 管氏告发甄嬛哥哥与瑞嫔父亲结党营私，瑞嫔洛氏难忍诬陷，为证父亲清白自缢而死，反被安陵容挑拨以死威胁皇上；
>
> 安陵容以锦囊计陷害杨芳仪，用麝香毒害皇上子嗣，杨芳仪被禁足，亦难忍心头之愤吞金自尽，白丢性命。

化恶魔为神奇

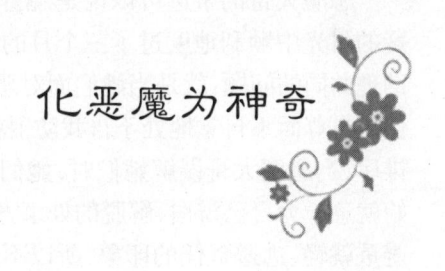

古人云：能忍辱者，必能立天下之事。人的一生像月亮一样盈亏有常。若是不能估测自身实力，审时度势，受一点欺侮就勃然大怒，势必会招来祸害。因此，当面对欺侮，我们还无力对抗时，我们最好的选择是不要计较和反抗，而应压住怒火，主动退让，在忍耐中积蓄力量寻求突破的时机。

Anita 是总裁一年内更换的第七个助理，前六任总裁助理都在经受不住总裁"非人"般的折磨或主动或被动地放弃了"一人之下万人之上"的风光职位，丢盔弃甲而逃。Anita 的到来让大家对于这个看似柔弱的女孩是否能经受住"恶魔大哥"的折腾充满了怀疑。

"恶魔大哥"是 Anita 的老板，他是企业集团的一把手，旗下分公司涉及广告、酒店、旅游、房地产等诸多领域，企业体量庞大。这样的背景使得这位企业老总身价高人一等，加上脾气也高人一等，所以私下里企业员工都称总裁为"恶魔大哥"。

上任伊始，"恶魔大哥"的恶魔事迹确实让 Anita 震惊：恶魔大哥有次听信谗言随便就下了裁人决定，不经过任何调查就裁掉了客服部门一半的员工，而且裁掉的都是工作了至少 3 年的老员工；后勤处的人忘了关鸟笼，放飞了深得恶魔大哥喜爱的一只会说话的鹦鹉，引得大哥雷霆大发，后勤处的负责人即刻被告老还乡。虽然恶魔大哥心气平和下来也曾后悔过，但说过的话如泼出去的水，明知错了也不肯承认，只有多发几个月的薪水作为补偿；最恶魔的一次是，恶魔大哥出差回来，发现前台的小妹身材发福，观察了两日后，觉得前台小妹有碍公司形象，最终被公司开掉了！至此以后，公司里的女职员们就算不能做到"盈盈一握"，在恶魔大哥面前也是时刻提醒自己屏气收腹；恶魔大哥还总在下午进公司并布置当天的任务，所有人都要做到他没有异议才能离开，哪怕已是凌晨三点；他喜欢听员工给客户打电话，若员工表达方式不如他意，他会冲过来说："你语气不要这么软！强硬一点！"如果员工已放下了电话，他会吼："重打！"作为恶魔大哥的助理也意味着不正常的饮食，永远职业的套装，永远没有私人假期……

恶魔大哥的事迹可以说是"罄竹难书",但是Anita最终还是在大家怀疑的目光中顺利地度过了三个月的试用期,原来Anita总结了前六位总裁助理共同的问题:就是当她们面对恶魔大哥的教训、指责时,她们都会感到伤了自尊而不自觉地处于自我防卫状态,所以内心对恶魔大哥抱有极大的排斥,当恶魔大哥误解她们时,她们都会竭力为自己辩解。正是这种一开始就急于为自己辩白、解脱的处事方式,结果适得其反,给恶魔大哥留下了避重就轻、逃避责任的印象,所以不得不走人。

Anita总结了这些教训后,她除了尽力办妥恶魔大哥和公司的本职事务外,还始终坚持一个原则:"遇事不硬顶,能屈也能伸"。

正是有这么一个信念,所以即使恶魔大哥让Anita一天24小时开机、半夜电话叫醒她问点电脑操作、航班起落时间,Anita也都见怪不怪,全力办好;节假日被恶魔大哥召回公司,只是为了复印一页合同她也平心接受;对于恶魔大哥在火头上发布的裁人或与客户断绝来往的命令,Anita允诺下来但先拖着,等他怒火平息再请示;在恶魔大哥抓狂发火的时候,即使被冤枉也不急着去辩解;恶魔大哥挑剔的打电话问题,Anita采用迂回政策——使用邮件跟客户们交流……

此外,Anita还潜心研究世界知名品牌,在恶魔大哥拿到某样礼品时,Anita能立刻报出名字、产地;恶魔大哥爱好茶道、信佛,所以Anita懂得茶道,懂得烟酒,还大概懂得佛教中的名号、易经风水……

Anita很对大哥胃口,也深得恶魔大哥赞赏,所以一年后,从没被恶魔大哥骂过的Anita被冠以"恶魔克星"的称号。"遇事不硬顶,能屈也能伸"的处世信念让她荣耀地享受着一人之下万人之上的无限风光。

忍得一时委屈图长远之计,是志在四方者不可或缺的功夫和修行,也是成功者获得职场晋升的重要因素。在职场生活里,我们经常会遇到强势固执的领导,同他们遇到分歧时硬顶是解决不了问题的,只会落个两败俱伤的下场。

小张是东莞市某通信公司的技术员,聪明伶俐,技能水平逐渐提高,很受领导重视。2005年企业重组,公司里人事调整。小张的顶头上司升职调走了,原以为能够升迁,可宣布部门经理人选的时候,侧着耳朵也没有听到老板念自己的名字。会议刚结束,小张就忍不住心中的怒气,摔了凳子以示不满,事后又四处向同事抱怨,说上级办事不公、用人不明,结果在来年岗位调整的时候小张被纳入辞退的名单。

有时让步其实只是暂时的退却,想要进一尺有时候就必须先做出退一寸的忍让。以屈求伸,以退为进就是这个道理。

小张一听说自己没有当选部门经理就当面发泄,四处说领导的坏话,城府太浅，不够老练。若小张能够自我反省，剖析不足，暗下苦功，肯定可以在下一轮的提拔中脱颖而出。即便这次是上级没有全面地考察到小张的能力，但金子总会有发光的时候，如果小张能适时的为自己的情绪降温，主动退让，也许能给自己制造更大的机会。

在实际工作中，我们常常会遇到这样一种人，他们或许是我们的上级，或许是甲方客户，他们任何时候都希望自己永远立于主动的地位，让你接受他们的意愿，如果你要反抗，就注定要在他们的暴风骤雨中黯然消失。还有一种人，他们一旦有了自己的决定，别人一般情况下就只有服从，而没有回旋的余地。在职场中与这样的人相处，如果要赢得他们的心，就要懂得以静制动，利用曲折制造机会。

甄嬛的罪己策略：

甄嬛得知因管氏告发甄哥结党营私，甄氏一门爵位全无，父贬为江州刺史，远放川北，兄充军岭南，嫂侄入狱，自己身为替身时，伤心欲绝，为保性命，无奈以出宫为条件换取胧月性命；

华妃利用时疫蔓延之机，遣原陷害眉庄的太医江穆依兄弟盗取温实初研究成果来控制时疫，果然重新获得玄凌欢心，复协理六宫之权；

华妃溺死与甄嬛相好的淳儿，明知死因有疑，但在华妃盛宠时知道不能硬顶，没有揭发，静待时机，在汝南王失势后，以残害嫔妃之罪揭发华妃，终于为淳儿报了大仇，并追封淳儿为淳悯妃；

玄清初次露面射海东青，技艺高于玄凌之上，却毫不外露，安丁在玄凌面前扮演闲散王爷；

曹琴默以玄凌借六王之名一事调拨甄嬛与玄凌，甄嬛明知玄凌猜忌，但不盲目辩白，而巧妙以言语避过；

滴血认亲时，甄嬛在玄凌暴怒下揭出水是皇后备的有问题，皇后不强硬辩解，而是搬出纯元自保，联合宫女染冬成功化解危机。

草莓光鲜不如凤凰涅槃

会计学本科毕业后,窦薇就通过亲戚介绍,进入了一家国有公司当会计。可没多久,她就耐不住工作的"清闲",央求父母再觅一份刺激一点的工作。不久,在父母的张罗下窦薇顺利地跳去了一家会展公司做策划。可是不到一个月,窦薇抱怨连天:"那工作简直就不是人干的,开展会的时候,从早站到晚不说,还要帮忙引导嘉宾,要眼观六路耳听八方地盯着整场活动,每场活动完了回到家,我整个人就瘫了。"听到窦薇的抱怨,心疼女儿的父母很快又安排窦薇去了一家房地产公司做销售,这算是既满足了窦薇要的"刺激",又没有做会展那么累。这也是窦薇唯一一次做满一年的工作。

在做房地产销售期间,由于窦薇表现不错,所以得到了公司领导的赏识,窦薇很快得到了晋升的机会,但是窦薇的晋升却引来了一些老员工的不满和排挤,领导为了平息"众怒",最终还是没有晋升窦薇。为此,窦薇十分委屈,她觉得自己受到了不公正待遇,所以不顾老板的再三挽留,一气之下选择了辞职。之后,窦薇又在软件开发公司干过销售,房地产开发公司干过物流,甚至当过酒店领班,但每次工作时间都没有超过一年。最近,第七次就业后的她又迷上了股票投资,并开始消极怠工,不久就被老板婉转地劝退了。

现在,职场上活跃着一批类似窦薇一样外表光鲜艳丽,内里一片苍白,看似疙疙瘩瘩挺有个性,其实经不住环境和生活上一点挤压的"草莓族"。她们具有草莓光鲜亮丽、甜中带酸的生涩,以及在温室中长大、一捏就破的特性,面对职场,她们抗压能力弱、说不得、骂不得,更抵抗不了一点挫折。她们缺乏定性,稍遇挫折就会频繁地辞职跳槽,外表光鲜而实际的竞争力并不足,如同营养美味却又娇嫩脆弱的草莓。

在竞争激烈的职场上,"草莓族"因为面对挫折的抗压能力差,不仅成为让雇主们最为忌惮的员工,同时因为不敢直面挫折,没有积极地寻找解决之道,也封杀了自己的发展空间,成为职场上不战自败的逃兵。

可以理解,每个人都渴望自己的生活春风得意,事事顺心,希望多些顺利少些挫折,然而想要成就一番事业,就无法回避失落、痛苦和挫折。只有历经挫折,忍耐痛苦,才能在跌跌撞撞中实现自己最初的梦想。有这样一个故事:草地上有一个蛹,一个小孩发现之后把它带回了家。没过几天,蛹上出现了一道小裂缝,里面的蝴蝶挣扎了很长时间,身子仿佛被卡住了,迟迟出不来。天真善良的孩子看到蛹中的蝴蝶痛苦挣扎的样子于心不忍,于是,他便拿起剪刀把蛹壳剪开,帮助蝴蝶脱蛹出来。可是,因为这只蝴蝶没有经过破蛹前必须经过的痛苦挣扎,所以出壳后身躯臃肿,翅膀干瘪,根本无法飞翔起来,不久就死了。这只蝴蝶对于成功的渴望也就随着它的死亡而永远地消失了。

破茧而出,羽化成蝶,凤凰涅槃,浴火重生。想要享受成功的欢乐就必须先承受失败的痛苦和挫折。现代生活中,每个人都可能遭遇挫折。如你所在的公司突然宣布要裁员,而你可能就在那名单中;每天辛苦工作,而公司却并不认可你的付出,做出的业绩也被一下子否定;虽然付出了很多努力,却发现怎么也不能把自己的工作做得更好;换了很多工作,却一直找不到真正适合自己的工作等等,这些都是每天都可能发生在我们身上的事。面对这样的困难和挫折,很多人常常会痛苦、怨恨、自卑,失去希望和信心,心中充满挫败感。其实这些对于问题的解决都于事无补,只会让挫折和压力加重。

职场受挫后,不妨将种种压力、难堪、磨难与挫折,转换成进步的动力。积极寻求解决问题的方式,让自己愈挫愈勇。

一位曾在外商公司工作的女性上班族,怀孕16周时,适逢公司搬家,当时的男主管不顾虑她有孕在身,还要求她与同部门的其他人一起处理重物搬运,结果导致流产,她一开始非常生气,但心念一转,回到工作岗位上的她更加认真、努力,期望自己能把握机会学尽主管的十八般武艺。在经历了流产的痛苦与职场的不快后在烈火中重生。如今,文学系出身的她,不仅是人资专家,更是独当一面的总经理,成功实现了凤凰涅槃的艰苦过程。

凤凰涅槃,浴火重生,在于经历苦难的精神!如果蜕变的过程,让你坚强的神经变得羸弱,甚至逃避自己,消沉自己,放纵自己,那么"凤凰"充其量仍然只是只鸟而已。

如今,因为社会环境的关系,女人在工作和事业上遇到挫折的几率比男人要大很多。女人要成功，就更加需要懂得如何面对与应付挫折，就得在草莓光鲜的外表下历练更加坚定的内心！

职场上，只有浴火重生的凤凰吃掉光鲜的草莓，没有娇嫩脆弱的草莓打垮涅槃的凤凰！

甄嬛的罪己策略：

甄嬛入宫后屡遇磨难，幸得坚韧多智谋，才能生存后宫，但若是一味颓靡不振，只会让对手华妃找到复起的机会；

以废妃的身份出宫修行时，被众尼姑欺负侮辱，加上产后三天就被赶出宫，身体还未调理好就要洗衣服、挑柴，对于原本过着锦衣玉食生活的甄嬛是极其艰辛的，然而她却欣然接受，因为虽然身苦，但却能让她忘记心中的痛苦、远离纷争，寻求心灵中的宁静；

皇后害甄嬛家破人亡，甄嬛凤凰涅槃，回宫争斗，最后因为安陵容临死时的一句"皇后，杀了皇后"顺藤摸瓜查清楚了纯元皇后是当今皇后害死的，于是，揭穿皇后，最终使皇后被打入冷宫；

眉庄被陷害假孕遭皇帝玄凌无情禁足，心冷如灰，一直避宠，若无太后关爱，也只是失宠嫔妃之一；

芳嫔失足小产，因为太过伤心而失意于皇上，后又口出怨言污蔑华妃杀害她腹中子，不能从失子之痛中走出来，结果反而惹恼皇帝，被打入冷宫，整日以捉虱子度日。

用"心"去战斗

这是一个真实的故事。

在20世纪90年代,有两个乡下人因为违反计划生育超生而分不到足够的土地,所以决定外出谋生。两个人中一个准备去上海,一个打算去北京。

可在火车站等车时,两个从未出过远门的人听到邻座的人议论,上海人精明,外地人问路都得收费;北京人质朴,见吃不上饭的人,不仅给馒头还会送旧衣服。

原本去上海谋生的人听了后想,看来还是北京好,挣不到钱但总不会饿死。

原本决定去北京的人却想,看来还是上海好,给人带个路都能挣钱,那还有什么不能挣钱的呢?我幸亏还没上车,不然真失去了一次致富的机会了。

于是两人一合计,正好相互换票去各自去想去的地方。

去了北京的乡下人发现,北京果然好,他初到北京的一个月,什么都没干,竟没有饿着。不仅可以在银行大厅里白喝纯净水,还经常能在大商场里品尝到免费的甜点心。

到了上海的人发现,上海果然是个可以发财的城市。干什么都可以赚钱,带路能赚、开厕所能赚、弄盆凉水让人洗脸也能赚,只要想点办法,再花点力气都可以赚钱。后来他凭着乡下人对泥土的熟悉,跑到建筑工地装了10包含有沙子和树叶的土,以"花盆土"的名义,向不识泥土但爱花的上海人兜售。起初每天在城郊间往返6次,竟然净赚了350元钱。

一年后,凭着"花盆土"他竟然在大上海拥有了一间小小的门面。后来,他又有了一个新发现:一些商店楼面靓丽光鲜而招牌较黑较脏,一打听,才知道是清洗公司只负责洗楼而不管招牌的结果。

他灵机一动,立马抓住这一空当,买了人字梯、水桶和抹布,办起了个小型清洁公司,专门负责擦洗招牌。如今,他的公司已有150多个打工仔,业务也由上海发展到杭州和南京。

前不久,他坐火车去北京考察北京的清洗市场。在北京站,一个捡破烂的人把头伸进软卧车厢,向他要一个啤酒瓶。就在递瓶时,两个人都愣住了,因为他们彼此认出了对方。

俗话说,想法决定我们的生活,有什么样的想法,就有什么样的未来!去上海的人,他的成功不能不说得益于他积极的心态和想法,因为邻座的"外地人问路都得收费"一句话,所以才让他萌生了"那还有什么不能挣钱的呢?"的想法,而最终成为一百多人的老板;去北京的人因为抱有"挣不到钱但总不会饿死"的想法,所以"他初到北京的一个月,什么都没干",结果消极懈怠,沦落为一个靠捡破烂生活的人。

我们知道,任何事物都有两面性,关键是以什么样的心态来看待。拿每天我们都会遇到的交通状况来说,当自己的车突然遇到红灯,消极的人会焦躁不安"要是车开得快一点就好了,不用被红灯拦这么长时间",积极的人则会暗自庆幸"哈哈,太好了,等一会儿绿灯亮了,我可是第一个过去的人哦"。

积极的心态是成功的重要资本,正如一位名人曾说过的一段话:"人与人之间只有很小的差距,但是这种很小的差距却造成了巨大的差距!很小的差距就是所具备的心态是积极还是消极,所造成的巨大的差距就是成功和失败。"如果说每个人都是一座有待开发的金矿,那么决定个人含金量高低的就是个人的心态。

如今,许多人都把"快乐工作"当成人生追求的一大目标。可在现实生活中,却又有许多人在为岗位不如意、工作不顺心、薪酬不满意或者职场竞争与劳累导致的身心疲惫而郁闷、烦躁、困惑,甚至沉沦,他们向往挑战但又害怕挫折,不满于现状,同时又消极地维持着现状,所以他们被冠以"鸵鸟族"的称号。面对职场中的挫折,就如遇到危险的鸵鸟,习惯于把头埋在草丛里,以为自己的眼睛看不见就能逃避,实际上他们不知道鸵鸟的两条腿很长,奔跑得很快,遇到危险的时候,其奔跑速度足以摆脱敌人的攻击,如果不是把头埋在草丛里消极地坐以待毙的话,是足可以躲避猛兽攻击的。

据心理学家统计,每个人每天大概会产生五万个想法。如果你拥有积极的心态,那么你就能在快乐与创新之中把它转换成工作的能量和动力,甚至是事业成功的机会;如果你的态度是消极的,你就会在沮丧和抱怨之中把它转换成工作和事业的障碍和阻力。

所以，如今职场上的竞争与角逐，不再仅仅是能力之战，更是心理之战。人的心态决定人的情绪，人的情绪又影响人的工作，没有一个良好的心理竞技状态，如鸵鸟般的消极心态和懦弱的行为只会让才华横溢的你无法笑傲职场，更谈不上实现自己的职业理想。

学会忘记

压力与消极情绪的产生都有一个相同的特质，就是突出表现在对过去挫败的记忆和对明天的焦虑和担心。而要应对压力，减少消极不安的情绪，我们首要做的事情就是学会忘记曾经的失败，不否定自己，不回忆不愉快的过去；同时忽略遥远的将来，不给自己徒增压力，而是把握好今天，不断告诫自己"天生我材必有用"，"我行，我一定行"，不断地为自己打气加油，想一些让自己开心满足的事情，面对问题以战斗者的姿态接受挑战，告诉自己"人世走一遭，不经历磨难等于白走"。

学会思考

安排好自己的时间，使生活和工作有规律地进行。并且每天留出20分钟的思考时间，平静地进行自我审视，不断检讨、总结自己，及时发现、解决问题，总结经验教训，迎接新的挑战。有"鸵鸟心态"并不可怕，只要静下心来，面带微笑，你就会突然发现让人疲惫不堪的并不是脚下遥远的路途，而是鞋里的一粒沙子！

改变一种心态，倒掉鞋里的沙子，轻松上阵，职场的道路会越来越宽，我们也就走得更稳、走得更远。

学会感激

一个人在工作中不可能永远的一帆风顺，我们可能会面对不同的客户、不同的上司、不同的场景，有时是刁难，有时是无理取闹，甚至有时候是谩骂。面对这些困难和挫折，在看不到前途和光明的时候，需要我们去勇敢面对，豁达处理。试着对每个人充满感激，包括无理取闹的客户和同事，他让我们学会了从容、豁达。

在失败时更需要积极的心态和昂扬的斗志。这样，在不如意的时候才能坚持而不放弃，在失败的时候才能勇敢站立而不退缩。

记住德国人爱说的一句话吧：即使世界明天毁灭，我也要在今天种下我的葡萄树！

甄嬛的罪己策略：

甄嬛被华妃罚跪小产失子后，一直沉浸在失子的悲痛中，结果惹得皇帝不高兴，失去宠爱。皇帝玄凌冷落她，嫔妃敢于讽刺欺辱，太监宫女拜高踩低，门庭冷落。安陵容争宠，华妃慢慢势起，眉庄带她去冷宫一行，让她明白，把头埋在草堆里，永远也没有人会可怜她，只能老死冷宫，凄凉一生；

秦芳仪狠心践踏，冷宫中芳嫔的凄惨遭遇，让她明白若是一味沉沦，任由自己任性失落，她将是冷宫里的第二个芳嫔，身处冷宫，等死而已，所以她决绝振作，重立后宫；

眉庄带甄嬛去冷宫激起其斗志，甄嬛受秦芳仪和陆昭仪唾面罚跪之辱，谋求复起；

玄凌在汝南王手握兵权威胁到自己地位的时候，隐忍无奈，多次追封安抚汝南王，后秘密安插甄嬛哥哥接近汝南王，掌握兵部动向及汝南王一派各人姓名官职，分解夺取势力，一网打尽，收服兵权；

甄嬛再次被老谋深算的皇后暗算后，也是步步为营，费尽心机扳倒皇后；

胡蕴蓉为夺取皇后宝座，也选择了暂时与甄嬛结盟，用心筹谋皇后之位；

而敬妃的厉害亦不在于权宜计谋，在于心态，她荣宠不浓，却也多年不衰，不惹人注目，也能叫皇上忘不了，没有子嗣，却能安享晚年，从不计划着去陷害别人，也没有人想过要去害她，不会去欺凌别人，也叫别人不能小觑了她，她在后宫的存活在于"用心"。